中等职业学校机电类规划教材

计算机辅助设计与制造系列

Pro/ENGINEER 中文野火版 4.0 项目教程

谭雪松　甘露萍　编著

人民邮电出版社

北京

图书在版编目（CIP）数据

Pro/ENGINEER中文野火版4.0项目教程 / 谭雪松，甘露萍编著. —北京：人民邮电出版社，2009.5
中等职业学校机电类规划教材. 计算机辅助设计与制造系列
ISBN 978-7-115-19771-9

Ⅰ. P… Ⅱ.①谭…②甘… Ⅲ. 机械设计：计算机辅助设计—应用软件，Pro/ENGINEER Wildfire 4.0—专业学校—教材 Ⅳ.TH122

中国版本图书馆CIP数据核字（2009）第027979号

内 容 提 要

　　本书理论讲述和实例相结合，将教学内容以"项目"的形式进行组织，既便于教师授课，又便于学生学习。全书重点介绍使用 Pro/ENGINEER 中文野火版 4.0 进行三维产品开发的基本方法和技巧，帮助读者全面掌握参数化设计的基本原理和一般过程。

　　本书内容丰富，条理清晰，选例典型，针对性强，可作为中等职业学校机械类专业学生学习现代 CAD 技术的教材，也适合从事产品开发设计工作的工程设计人员自学参考。

中等职业学校机电类规划教材
计算机辅助设计与制造系列

Pro/ENGINEER 中文野火版 4.0 项目教程

◆ 编　　著　谭雪松　甘露萍
　　责任编辑　张孟玮
　　执行编辑　王亚娜

◆ 人民邮电出版社出版发行　　北京市崇文区夕照寺街 14 号
　　邮编　100061　　电子函件　315@ptpress.com.cn
　　网址　http://www.ptpress.com.cn
　　北京楠萍印刷有限公司印刷

◆ 开本：787×1092　1/16
　　印张：17.25
　　字数：418 千字　　　　　　　　　2009 年 5 月第 1 版
　　印数：1－3 000 册　　　　　　　　2009 年 5 月北京第 1 次印刷

ISBN 978-7-115-19771-9/TP

定价：28.00 元

读者服务热线：**(010) 67170985**　印装质量热线：**(010) 67129223**
反盗版热线：**(010) 67171154**

丛 书 前 言

我国加入 WTO 以后，国内机械加工行业和电子技术行业得到快速发展。国内机电技术的革新和产业结构的调整成为一种发展趋势。因此，近年来企业对机电人才的需求量逐年上升，对技术工人的专业知识和操作技能也提出了更高的要求。相应地，为满足机电行业对人才的需求，中等职业学校机电类专业的招生规模在不断扩大，教学内容和教学方法也在不断调整。

为了适应机电行业快速发展和中等职业学校机电专业教学改革对教材的需要，我们在全国机电行业和职业教育发展较好的地区进行了广泛调研；以培养技能型人才为出发点，以各地中职教育教研成果为参考，以中职教学需求和教学一线的骨干教师对教材建设的要求为标准，经过充分研讨与论证，精心规划了这套《中等职业学校机电类规划教材》，包括六个系列，分别为《专业基础课程与实训课程系列》、《数控技术应用专业系列》、《模具设计与制造专业系列》、《机电技术应用专业系列》、《计算机辅助设计与制造系列》、《电子技术应用专业系列》。

本套教材力求体现国家倡导的"以就业为导向，以能力为本位"的精神，结合职业技能鉴定和中等职业学校双证书的需求，精简整合理论课程，注重实训教学，强化上岗前培训；教材内容统筹规划，合理安排知识点、技能点，避免重复；教学形式生动活泼，以符合中等职业学校学生的认知规律。

本套教材广泛参考了各地中等职业学校的教学计划，面向优秀教师征集编写大纲，并在国内机电行业较发达的地区邀请专家对大纲进行了多次评议及反复论证，尽可能使教材的知识结构和编写方式符合当前中等职业学校机电专业教学的要求。

在作者的选择上，充分考虑了教学和就业的实际需要，邀请活跃在各重点学校教学一线的"双师型"专业骨干教师作为主编。他们具有深厚的教学功底，同时具有实际生产操作的丰富经验，能够准确把握中等职业学校机电专业人才培养的客观需求；他们具有丰富的教材编写经验，能够将中职教学的规律和学生理解知识、掌握技能的特点充分体现在教材中。

为了方便教学，我们免费为选用本套教材的老师提供教学辅助资源，教学辅助资源的内容为教材的习题答案、模拟试卷和电子教案（电子教案为教学提纲与书中重要的图表，以及不便在书中描述的技能要领与实训效果）等教学相关资料，部分教材还配有便于学生理解和操作演练的多媒体课件，以求尽量为教学中的各个环节提供便利。老师可到人民邮电出版社教学服务与资源网（http://www.ptpedu.com.cn）下载相关的教学辅助资源。

我们衷心希望本套教材的出版能促进目前中等职业学校的教学工作，并希望能得到职业教育专家和广大师生的批评与指正，以期通过逐步调整、完善和补充，使之更符合中职教学实际。

欢迎广大读者来电来函。

电子函件地址：wangyana@ptpress.com.cn，wangping@ptpress.com.cn

读者服务热线：010-67143005，67178969，67184065

前　言

Pro/ENGINEER（以下简称 Pro/E）作为当今流行的三维实体建模软件之一，内容丰富、功能强大，在我国设计加工领域里的应用越来越广泛。随着现代职业教育的不断发展和完善，大量的新兴技术逐渐进入中等职业教育的课堂。为了帮助中职学生迅速掌握软件的使用方法和基本技巧，我们根据使用该软件进行产品开发的基本经验和心得体会，策划编写了本书。

本书采用项目式写法，将重要教学内容以"项目"的形式进行组织，重点介绍软件中各种基本设计工具的用法，以及参数化建模的基本原理。主要内容包括各种基本建模工具及其应用、曲面建模方法及其应用、特征的常用编辑和操作方法、创建参数化模型的基本方法、组件装配的基本方法、创建工程图的一般过程、机械仿真设计及现代模具设计的基本过程。

全书内容完整、层次清晰，在介绍基本设计方法的同时及时安排适当的应用实例引导读者动手练习；在阐明基本设计原理的同时及时为读者推荐好的设计方法和设计经验，并指出设计中存在的误区，让读者少走弯路。

全书共分 12 个项目，具体内容如下。

- 项目一：介绍 Pro/E 的设计思想和设计功能。
- 项目二：介绍绘制二维图形的基本方法与技巧。
- 项目三：介绍实体建模的一般原理。
- 项目四：介绍实体建模的一般过程。
- 项目五：介绍特征的阵列、复制和其他基本操作。
- 项目六：结合典型实例全面介绍三维建模技巧。
- 项目七：介绍曲面特征在设计中的应用。
- 项目八：介绍参数化模型的设计方法和技巧。
- 项目九：介绍组件装配的基本过程和技巧。
- 项目十：介绍创建工程图的方法和技巧。
- 项目十一：介绍机构运动仿真设计的基本方法和技巧。
- 项目十二：介绍现代模具设计的基本方法和技巧。

本书兼顾基础理论和典型案例，内容涵盖了中职院校 Pro/E 课程的基本教学内容，可作为相关课程的专业教材，还可以作为从事机械设计、数控编程工作的技术人员的参考资料。

参加本书编写工作的还有沈精虎、黄业清、宋一兵、向先波、冯辉、郭英文、计晓明、董彩霞、郝庆文、滕玲、田晓芳、管振起等。由于作者水平有限，书中难免存在疏漏之处，敬请读者批评指正。

编者
2009 年 2 月

目 录

项 目 一

理解 Pro/E 的设计思想

CAD 技术产生于 20 世纪 60 年代，参数化造型理论是 CAD 技术在设计理念上的重要突破。使用参数化思想建模简单方便，设计效率高。本项目将学习美国 PTC（Parametric Technology Corporation，参数技术公司）开发的 Pro/ENGINEER（以下简称 Pro/E）的典型设计思想及其设计功能。

学习目标

- 了解 CAD 技术中模型的主要形式及用途。
- 理解 Pro/E 的典型设计思想及特点。
- 熟悉 Pro/E 的典型设计功能模块及其用途。
- 掌握 Pro/E 的三维建模原理。

任务一 领会实体造型的一般原理

基础知识

实体模型除了描述模型的外部形状外，还描述了模型的质量、密度、重心及惯性矩等物理信息，能够精确表达零件的全部几何和物理属性。使用 Pro/E 可以方便地创建实体模型利用软件提供的各个功能模块可以对模型进行更加深入和全面的操作与分析计算。

在 CAD 软件中，模型的描述方式先后经历了从二维图形到三维模型，从直线和圆弧等简单的几何元素到曲线、曲面和实体等复杂的几何元素的发展历程。当前，模型的用途非常广泛，包含了产品从设计到制造的全部信息，是生产中重要的技术资料。

图 1-1 所示为现代 CAD 技术中由曲线到曲面再到实体建模的一般规律。这也是我们后续将重点介绍的"打点—连线—铺面—填实"的重要建模原则。

图1-1 曲面建模

在 CAD 软件的发展过程中，先后使用过多种模型描述方法，下面分别介绍。

(1) 二维模型

二维模型使用平面图形来表达模型，模型信息简单、单一，对模型的描述不全面。图 1-2 所示为工业生产中的零件图（局部）。这种图形不但制作不方便，而且识读也很困难。

(2) 三维线框模型

三维线框模型使用空间曲线组成的线框来描述模型，主要描述物体的外形，表达其基本的几何信息，无法实现 CAM（计算机辅助制造）及 CAE（计算机辅助工程）技术，如图 1-3 所示。

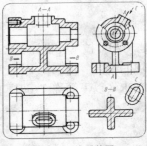

图1-2 二维零件图

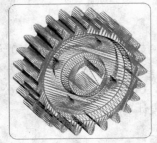

图1-3 三维线框图

(3) 曲面模型

曲面模型使用 Bezier、NURBS（非均匀有理 B 样条）等参数曲线组成的自由曲面来描述模型，对物体表面的描述更完整、精确，为 CAM 技术的开发奠定了基础。但是，它难以准确表达零件的质量、重心、惯性矩等物理特性，不便于 CAE 技术的实现。

不过，现代设计中可以方便地对曲面模型进行实体化操作获得实体模型，如图 1-4 所示。

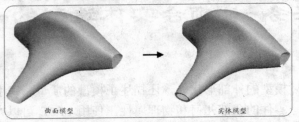

曲面模型　　　　　　　实体模型

图1-4 曲面模型实体化

(4) 实体模型

实体模型采用与真实事物一致的模型结构——实体模型来表达物体，"所见即所得"，直观简洁。实体模型不仅能表达模型的外观，还能表达物体的各种几何和物理属性，是实现 CAD/CAM/CAE 技术一体化不可缺少的模型形式。

图 1-5 所示为汽车的实体模型，该模型由一系列独立设计的零件组装而成。

图1-5 汽车实体模型

在现代生产中，实体模型从用户需求、市场分析出发，以产品设计制造模型为基础，在产品整个生命周期内不断扩充、不断更新，是产品生命周期中全部数据的集合。使用实体模型便于在产品生命周期各阶段中实现数据信息的交换与共享，为产品设计中的全局分析创造了条件。

【案例1-1】 认识实例模型

1. 启动 Pro/E。
2. 选择【文件】/【打开】命令，打开教学资源文件 "\项目1\素材\pen_box.prt"，这是一个笔筒模型，如图 1-6 所示。
3. 选择【分析】/【模型】/【质量属性】命令，打开【质量属性】对话框。
(1) 在【质量属性】对话框中，设定该模型的材料为陶瓷，密度为 $2.3g/cm^3$，如图 1-7 所示。

图1-6　笔筒模型

图1-7　【质量属性】对话框

(2) 单击对话框底部的 按钮，分析模型的物理属性，结果如图 1-8 所示，可以获得模型的体积、质量和密度等物理属性参数。

图1-8　物理属性参数

 　　通过这个实例可知，Pro/E 创建的实体模型不再仅仅是一幅图像，其中包含更多的模型的重要几何物理信息。深刻理解实体模型的这个特性能够帮助我们更好地利用实体模型指导工业分析和生产过程。

任务二　领会参数化设计理念

　　根据参数化设计原理，用户在设计时不必准确地定形和定位组成模型的图元，只需勾画出大致轮廓，然后修改各图元的定形和定位尺寸值，系统根据尺寸再生模型后即可获得理想的模型形状。这种通过图元的尺寸参数来确定模型形状的设计过程称为"尺寸驱动"。只需修改模型某一尺寸参数的数值，即可改变模型的形状和大小。

此外，参数化设计中还提供了多种"约束"工具，利用这些工具，用户可以很容易地使新创建图元和已有图元之间保持平行、垂直及居中等位置关系。总之，在参数化设计思想的指引下，模型的创建和修改都变得非常简单和轻松，这也使得学习大型 CAD 软件不再是一项艰苦而麻烦的工作。

【案例1-2】 理解尺寸驱动的含义。

1. 启动 Pro/E。
2. 选择【文件】/【打开】命令，打开教学资源文件"\项目 1\素材\triangle.sec"，这是一个三角形，其上所有尺寸已经在图上标出，如图 1-9 所示。
3. 用鼠标双击角度尺寸 77.80，将其修改为 60.00，然后按 Enter 键。图形将依据新的尺寸自动改变图线的长度并调整图形的形状，如图 1-10 所示。

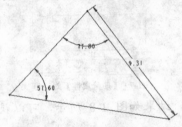
图1-9 原始尺寸

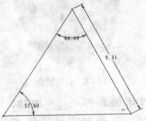
图1-10 尺寸驱动 1

4. 使用同样的方法修改边长尺寸 57.60 为 60.00，最后获得一个正三角形，如图 1-11 所示。
5. 修改边长尺寸 9.31 为 100.00，按 Enter 键后得到边长为 100 的正三角形，如图 1-12 所示。

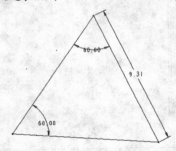
图1-11 尺寸驱动 2

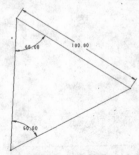
图1-12 尺寸驱动 3

注意 有了"尺寸驱动"的设计理念后，设计者不必再拘泥于线条长短及角度大小等繁琐工作。把粗放、宏观的工作交给设计者完成，把细致、精确的工作交给计算机完成，这样就增强了设计的人性化。

在参数化设计中，"参数"是一个重要概念，在模型中设置参数后，使得模型具有更大的设计灵活性和可变性，下面结合一个案例来理解参数的含义。

【案例1-3】 理解参数化模型的含义。

1. 启动 Pro/E。
2. 选择【文件】/【打开】命令，打开教学资源文件"\项目 1\素材\gear.prt"。

3. 在界面左侧窗口中按住 Ctrl 键选中如图 1-13 所示的项目，然后在其上单击鼠标右键，在弹出的快捷菜单中选择【恢复】命令。

4. 在如图 1-14 所示的菜单中选择【输入】命令。

图1-13 选择项目

图1-14 选择【输入】命令

5. 在如图 1-15 所示的菜单中选中 4 个复选框，然后单击鼠标中键。

6. 根据系统提示输入齿轮模数 M 的新值 "2.0"，然后按 Enter 键。

7. 根据系统提示输入齿轮齿数 Z 的新值 "40"，然后按 Enter 键。

8. 根据系统提示输入齿轮压力角 THETA 的新值，直接按 Enter 键，使用默认数值。

9. 根据系统提示输入齿轮齿宽 B 的新值 "10"，然后按 Enter 键。

10. 经过一定时间再生后，最后创建的齿轮如图 1-16 所示。

图1-15 勾选参数项目

图1-16 创建的齿轮

11. 选择【工具】/【参数】命令，打开【参数】对话框。

12. 将齿轮齿数 Z 修改为 30.00，齿宽 B 修改为 20.00，如图 1-17 所示，单击 确定 按钮关闭对话框。

13. 选择【编辑】/【再生】命令，在弹出的菜单中选择【当前值】命令，系统根据新的设计参数再生模型，结果如图 1-18 所示。

图1-17 修改参数

图1-18 再生的齿轮

对比图 1-16 和图 1-18 可知，这里只需要简单修改 M、Z 和 B 等几个参数就可以让模型"摇身一变"，获得不同的设计结果。这里的齿数、模数等就是参数，是控制和变更模型的入口。创建参数化模型，可以大大提高模型的利用率，还能有效提高建模效率。

任务三 理解特征建模的含义

特征是设计者在一个设计阶段创建的全部图元的总和。特征可以是模型上的重要结构（如圆角），也可以是模型上切除的一段材料，还可以是用来辅助设计的一些点、线和面。

一、特征的分类

Pro/E 中的特征分为实体特征、曲面特征和基准特征 3 类，其详细对比如表 1-1 所示。

表 1-1　　　　　　　　　　　　　　特征的主要类型

种类	特点	示例
实体特征	(1) 具有厚度和质量等物理属性。 (2) 分为增材料和减材料两种类型。前者在已有模型上添加新材料，后者在已有模型上切去材料。 (3) 按照在模型中的地位不同，分为基础特征和工程特征。前者用于创建基体模型，如拉伸特征和扫描特征等；后者用于在已有模型上创建各种具有一定形状的典型结构，如圆角特征和孔特征等	
曲面特征	(1) 没有质量和厚度，但是具有较为复杂的形状。 (2) 主要用于围成模型的外形。将符合设计要求的曲面实体化后可以得到实体特征。 (3) 曲面可以被裁剪，去掉多余的部分；也可以合并，将两个曲面合并为一个曲面。 (4) 曲面可以根据需要隐藏，这时在模型上将不可见	
基准特征	(1) 主要用于设计中的各种参照使用。 (2) 基准平面：用做平面参照。 (3) 基准曲线：具有规则形状的曲线。 (4) 基准轴：用做对称中心参照。 (5) 基准点：用做点参照。 (6) 坐标系：用来确定坐标中心和坐标轴	

二、特征建模的原理

特征是 Pro/E 中模型组成和操作的基本单位。创建模型时，设计者总是采用"搭积木"的方式在模型上依次添加新的特征。修改模型时，首先找到不满意细节所在的特征，然后再对其大刀阔斧地"动手术"，由于组成模型的各个特征相对独立，在不违背特定特征之间基本关系的前提下，再生模型即可获得理想的设计结果。

图 1-19 所示为一个模型的建模过程。

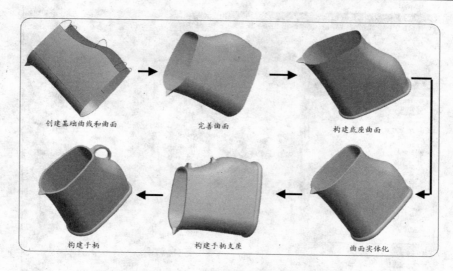

创建基础曲线和曲面　　　　　完善曲面　　　　　　构建底座曲面

构建手柄　　　　　　构建手柄支座　　　　　曲面实体化

图1-19　建模基本过程

　　Pro/E 为设计者提供了一个非常优秀的特征管家——模型树窗口，如图 1-20 所示。模型树按照模型中特征创建的先后顺序展示了模型的特征构成，这不但有助于用户充分理解模型的结构，也为修改模型时选取特征提供了最直接的手段。

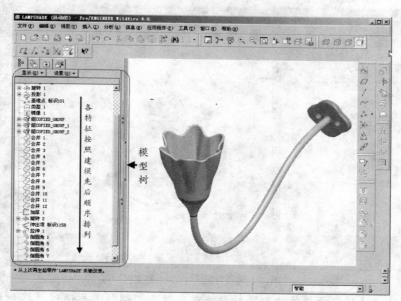

图1-20　模型树窗口示例

　　【案例1-4】　认识特征建模原理。
1. 启动 Pro/E。
2. 选择【文件】/【打开】命令，打开教学资源文件"\项目 1\素材\gas.prt"。
3. 从左侧的模型树窗口中查看模型的特征构成，可见该模型上依次创建了一组拉伸特征、斜度特征及阵列特征，如图 1-21 所示。

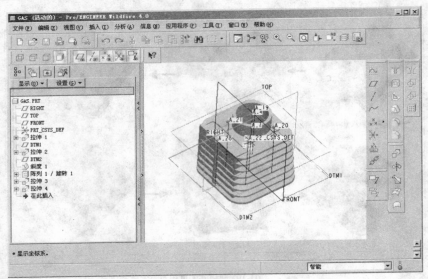

图1-21　模型及模型树

4.　在模型树窗口中末尾的拉伸特征"拉伸 4"上单击鼠标右键，在弹出的快捷菜单中选择
　　【删除】命令，系统弹出确认对话框时，单击 确定 按钮。将该特征从模型上删除后，
　　在模型上和模型树中将不再有该孔结构，如图 1-22 所示。

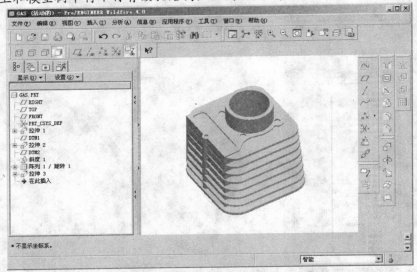

图1-22　修改特征后的模型及模型树

5.　使用同样的方法从下至上依次删除特征，观察这个模型是怎样通过"搭积木"方式由各
　　种特征组合而成，如图 1-23 所示。

图1-23　模型的特征组合

注意　　特征建模是当前 CAD 技术中最引人注目的理念，采用特征建模构建的模型不但具有清晰的结构，更为重要的是，设计者可以随时返回到先前已经完成的特征对其重新完善，完成后再转移到其他特征创建工作中。

任务四　理解全相关的单一数据库的应用

 基础知识

Pro/E 采用单一数据库来管理设计中的基本数据。所谓单一数据库是指软件中的所有功能模块共享同一公共数据库。

根据单一数据库的设计原理，软件中的所有模块都是全相关的，这就意味着在产品开发过程中对模型任意一处所做的修改都将写入公共数据库，系统将自动更新所有工程文档中的相应数据，包括装配体、设计图纸及制造数据等。例如，如果修改了某一零件的实体模型，则该零件的工程图会立即更新，在装配组件中，该零件对应的元件也会自动更新，甚至在数控加工中的加工路径都会自动更新。

【案例1-5】　理解单一数据库。

1. 启动 Pro/E。
2. 选择【文件】/【打开】命令，打开教学资源文件 "\项目 1\素材\装配\5.asm"。这是由两个零件装配完成后的模型，如图 1-24 所示。
3. 选择【文件】/【打开】命令，在新的窗口中打开教学资源文件 "\项目 1\素材\装配\5.prt"。这是装配体内部的螺杆零件，如图 1-25 所示。

图1-24　装配成品模型

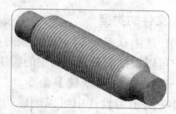

图1-25　螺杆零件

4. 在模型树窗口中的项目 "拉伸 1" 上单击鼠标右键，在弹出的快捷菜单中选择【编辑定义】命令，如图 1-26 所示。
5. 在图标板上将特征深度参数修改为 80.00，如图 1-27 所示。

图1-26　【编辑定义】命令

图1-27　修改参数

6. 单击鼠标中键，修改设计后的模型如图 1-28 所示。
7. 选择【文件】/【保存】命令，在弹出的对话框中单击 [确定] 按钮，保存设计结果。
8. 选择【文件】/【关闭窗口】命令，退出模型修改窗口，返回装配环境窗口。
9. 观察发现，装配结果已经改变，如图 1-29 所示。这说明在零件建模环境下修改的模型在装配环境下自动更新。读者可以对比图 1-24 和图 1-29 的差异。

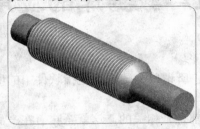

图1-28 再生的螺杆零件

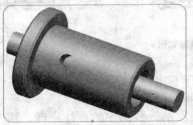

图1-29 自动更新后的装配模型

　　全相关的单一数据库的最大特点是数据更新的实时性。当前，通过网络实现产品的多用户协同并行开发是现代设计的主要发展方向。根据单一数据库的设计思想，在并行开发工程中，每个设计者随时可以从数据库中获取最新数据，一旦设计者将自己的数据写入数据库后，这些数据即可被其他设计者使用。

任务五 了解 Pro/E 的典型应用

 基础知识

一、文件的类型

　　Pro/E 是由众多功能完善、相对独立的功能模块组成的，每一个模块都有独特的设计功能，用户可以根据需要调用其中的模块进行设计，各个模块创建的文件有不同的文件扩展名。

　　选择【文件】/【新建】命令，打开如图 1-30 所示的【新建】对话框。

　　表 1-2 所示为设计中可以创建的设计任务类型。

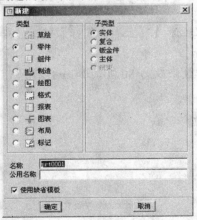

图1-30 【新建】对话框

表 1-2	新建工程项目类型	
项目类型	功能	文件扩展名
草绘	使用草绘模块创建二维草图	.sec
零件	使用零件模块创建实体零件和曲面	.prt
组件	使用装配模块对零件进行装配	.asm
制造	使用制造模块对零件进行数控加工、开模等生产过程	.mfg
绘图	由零件或装配组件的三维模型生成工程图	.drw
格式	创建工程图及装配布局图等的格式模板	.frm
报表	在工程图文件中创建由行和列组成的表格	.rep
图表	创建电路图、管路图、电力、供热及通风组件的二维图表	.dgm
布局	创建用于表达零部件结构和布局的二维图形，与工程图类似	.lay
标记	为零件、装配组件及工程图等建立注解文件	.mrk

二、绘制二维图形

绘制二维图形是创建三维建模的基础。在创建基准特征和三维特征时，通常都需要绘制二维图形，这时系统会自动切换至草绘环境。在三维设计环境下，也可以直接读取在草绘环境下绘制存储的二维图形文件并继续设计。

三维建模的基础工作就是绘制符合设计要求的截面图，然后使用软件提供的基本建模方法来创建模型。将如图 1-31 左图所示的截面沿着与截面垂直的方向拉伸即可获得如图 1-31 右图所示三维模型。

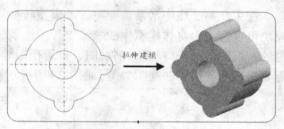

图1-31 拉伸建模

三、创建三维模型

创建三维模型是使用 Pro/E 进行产品设计和开发的主要目的，因此零件模块也是参数化实体造型的核心功能模块。使用 Pro/E 软件进行三维模型创建的过程实际上就是在三维建模环境下依次创建各种特征的过程。

在创建三维模型时，主要综合利用实体建模和曲面建模两种方法。实体建模的原理清晰，操作简便；而曲面建模复杂多变，使用更加灵活，二者交互使用，可以发挥各自的优势，找到最佳的设计方案。

图 1-32 所示的叶片模型，其基体部分结构简单，采用实体建模方式创建；而叶片的形状比较复杂，首先由曲面围成外形轮廓，然后将其实体化。

图1-32 叶片模型的建模

四、零件装配

装配就是将多个零件按实际的生产流程组装成一个部件或完整的产品的过程。在组装过程中，用户可以添加新零件或对已有的零件进行编辑修改。按照装配要求，用户还可以临时修改零件的尺寸参数，并且系统使用分解图的方式来显示所有零件相互之间的位置关系，非常直观。

在创建大型机器设备时，都是先依次创建各个零件，然后按照机器的工作原理和结构依次将其组装为一个整体。图1-33所示为一个齿轮部件的装配案例。

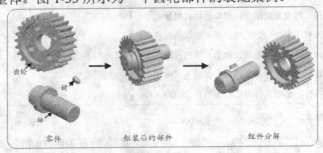

图1-33 齿轮的装配和分解

五、创建工程图

在生产第一线中常常需要将三维模型转换为二维平面图形，也就是工程图。使用工程图模块可以直接由实体模型生成二维工程图。系统提供的二维工程图包括一般视图（即通常所说的三视图）、局部视图、剖视图、投影视图等8种视图类型，设计者可以根据零件的表达需要灵活选取需要的视图类型。图1-34所示为零件的工程图样。

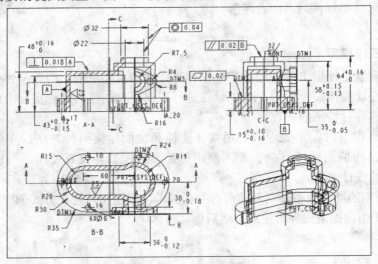

图1-34 工程图

六、机械仿真

仿真就是模拟真实事物的特点和状态。在机械仿真中，主要根据零件的物理特性模拟其运动过程并进行动力学分析等，从而获得运动动画及分析结果，如图1-35所示。Pro/E提供了专门的仿真设计模块，内容丰富、功能强大。

通过机械仿真可以观察机构在运行时是否具有干涉现象，各个部件是否达到预期的运动效果，同时为零件的设计和修改提供直接参考依据。

图1-35 机械运动仿真

七、数控加工

数控加工是现代机械加工的重要方法。近年来，由于计算机技术的迅速发展，数控技术的发展也相当迅速。特别是大型 CAD/CAM/CAE 软件的不断推出和更新，大大降低了数控加工的复杂程度，简化了数控程序的编写过程。

使用 Pro/E 提供的数控加工模块可以方便地完成典型零件的数控加工。使用实体模型作为技术文件，可以便捷地创建刀具路径，并对加工过程进行动态模拟，如图 1-36 所示。最后创建可供数控设备直接使用的 NC 程序。NC 程序仿真能直观安全地模拟、验证、分析切削过程，免去了以往零件生产的材料损耗、刀具磨损、机床清理等，从而缩短生产准备周期，降低成本。

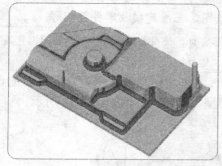

图1-36 刀具路径

图1-37 模具模块元件

八、模具设计

在现代生产中，模具的应用相当广泛。例如在模型锻造、注塑加工中都必须首先创建具有与零件外形相适应的模腔结构的模具。模具生产是一项比较复杂的工作，不过由于大型 CAD 软件的广泛应用，模具生产过程也逐渐规范有序。

Pro/E 具有强大的模具设计功能，使用模具设计模块设计模具简单方便。图 1-37 所示为一个典型零件创建的模块元件。

当然，以上仅仅列出了 Pro/E 典型应用的基本情况。Pro/E 是一个大型设计软件，其功能模块相当丰富，有许多模块的应用相当专业，用户在设计中可以根据需要进行选择。

任务六 熟悉 Pro/E 中文野火版 4.0 的设计环境和操作

一、Pro/E 中文野火版 4.0 的设计环境

Pro/E 中文野火版 4.0 的用户界面内容丰富、友好且极具个性。通过其用户界面可以方便地访问各种资源，包括访问本地计算机上的数据资料以及通过浏览器以远程方式访问网络上的资源。初次打开的 Pro/E 中文野火版 4.0 用户界面如图 1-38 所示。

图 1-38 Pro/E 中文野火版 4.0 用户界面

此时的设计界面主要分为以下 3 个区域。

- 资源导航区：用于访问本地计算机资源，实现查找和存取设计文件等操作。
- 浏览器：通过网络访问异地资源，是实现交互式协同设计的基础。
- 绘图区：在这里进行各种设计操作，如二维绘图、三维建模及零件装配等。

> **提示**　单击导航器右侧的切换开关，可以关闭导航器窗口，使用类似的方法可以关闭浏览器窗口。这时，整个用户界面的中央区域为设计工作区，这样可以方便设计操作。

在界面顶部单击　按钮，然后单击鼠标中键进入三维建模环境，可以看到这时的设计界面已经改变。我们打开一个已经设计完成的三维模型，此时的界面如图 1-39 所示。

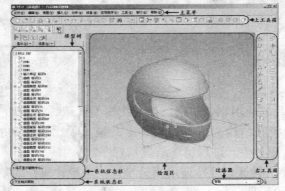

图 1-39 打开文件后的界面

(1) 视窗标题栏

界面顶部的视窗标题栏上显示当前打开文件的名称。

Pro/E 允许同时打开多个文件，分别显示在独立的视窗中，但只有一个为"活动视图"，可以对其进行编辑操作，该窗口文件名后面有"活动的"字样，如图 1-40 所示。

选择【窗口】/【激活】命令可以将指定视窗激活。

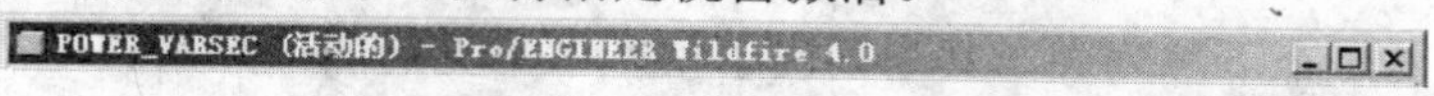

POWER_VARSEC（活动的）- Pro/ENGINEER Wildfire 4.0

图1-40 视窗标题栏

(2) 主菜单

主菜单上提供了常用的文件操作工具、视窗变换工具及各种模型设计工具，如图 1-41 所示。主菜单按照功能进行分类，其内容因当前设计任务的不同而有所差异。

文件(F) 编辑(E) 视图(V) 插入(I) 分析(A) 信息(N) 应用程序(P) 工具(T) 窗口(W) 帮助(H)

图1-41 主菜单

(3) 上工具箱和右工具箱

上工具箱和右工具箱上布置了代表常用操作命令的图形工具按钮。

位于主菜单下的工具箱为上工具箱，其上的图形按钮主要取自使用频率较高的主菜单选项，用来实现对菜单命令的快速访问，以提高设计效率，是各个设计模块中都可以使用的通用工具，如图 1-42 所示。

位于界面右侧的工具箱为右工具箱，其上的图形按钮都是专用设计工具，其内容根据当前使用的设计模块的变化而改变，如图 1-43 所示。

图1-42 上工具箱

图1-43 右工具箱

(4) 系统信息栏

系统信息栏是用户和计算机进行信息交流的主要场所。在设计过程中，系统通过信息栏向用户提示当前正在进行的操作以及需要用户继续执行的操作。这些信息通常结合不同的图标给出，代表不同的含义，如表 1-3 所示。设计者在设计过程中要养成随时浏览系统信息的习惯。

表 1-3　　　　　　　　　　　　　　　系统信息栏给出的基本信息

提示图标	信息类型	示例
⇨	系统提示	⇨选取一个平面或曲面以定义草绘平面。
•	系统信息	• 显示约束时：右键单击禁用约束。
☒	错误信息	☒不能放置要创建的特征。
⚠!	警告信息	⚠警告：拉伸_2完全在模型外部：模型未改变。

(5) 系统状态栏

当鼠标在菜单命令选项、工具栏上的图形按钮及对话框项目上停留时，系统状态栏将显示关于这些项目用途和用法的提示信息，如图 1-44 所示。

设置层、层项目和显示状态　　　　　　　　　　　　　　　智能

图1-44 系统状态栏

(6) 模型树

模型树用于展示模型的特征构成，是分析和编辑模型的重要辅助工具。

(7) 绘图区

绘图区用于绘制和编辑模型以及进行其他设计工作，是完成设计工作的重要舞台。

(8) 过滤器

过滤器提供了一个下拉列表，其中列出了模型上常见的图形元素类型，选中某一种类型可以滤去其他类型。当使用选择工具在模型上选择对象时，配合过滤器的使用可以方便地实现选择操作。常见的图形元素类型包括几何、尺寸及面组等。

在稍后将结合实例介绍过滤器的用法。

二、文件操作

【文件】菜单主要用于常用的文件操作。Pro/E 中的文件操作与其他软件有所差异，下面重点介绍其中常用的操作。

(1) 新建文件

选择【文件】/【新建】命令，将打开【新建】对话框，用于选用不同的任务类型进行设计。各个类型的用途如表 1-2 所示。

 在为新建文件命名时，不能使用中文字符，通常使用"见名知义"的英文单词。同时，文件名中也不能有空格。如果文件名由多个单词组成，可以在单词之间使用下划线"_"等字符连接。

(2) 打开文件

选择【文件】/【打开】命令，系统将弹出【文件打开】对话框。启动 Pro/E 软件后系统处理过的文件都将保留在进程中，直到用户关闭软件或者将文件从进程中拭除为止。拭除文件的方法请参看稍后的介绍。

工作目录是指系统在默认情况下存放和读取文件的目录。工作目录在软件安装时设定，也可以选择【文件】/【设置工作目录】命令重设工作目录。这时系统会自动切换到该目录进行文件存取操作。

(3) 保存文件

选择【文件】/【保存】命令，可以选择路径保存文件，第一次保存文件时，在默认情况下都保存在工作目录中，并且仅在第一次保存文件时可以更改文件保存位置，再次保存时只能存储在原来的位置。如果确实需要更换文件保存路径，可以选择【文件】/【保存副本】命令。Pro/E 只能使用新建文件时的文件名保存文件，不允许保存时更改文件名，如果确实需要更换文件名，可以选择【文件】/【重命名】命令。

 Pro/E 在保存文件时，每执行一次存储操作并不是简单地用新文件覆盖原文件，而是在保留文件前期版本的基础上新增一个文件。在同一项设计任务中多次存储的文件将在文件名尾添加序号加以区别，序号数字越大，文件版本越新。例如同一设计中的某一零件经过 3 次保存后的文件分别为：prt0004.prt.1、prt0004.prt.2 和 prt0004.prt.3。

(4) 保存文件副本

选择【文件】/【保存副本】命令可以将当前文件以指定的格式保存到另一个存储位置，此时系统将弹出【保存副本】对话框。首先设定文件的存储位置，然后在【类型】下拉列表中选取保存文件的类型，即可输出文件副本。

保存副本时，可以在【类型】列表中选取不同的输出文件格式，这是 Pro/E 系统与其他 CAD 系统的一个文件格式接口，可以方便地进行文件格式转换。可以把二维草绘文件输出为能被 AutoCAD 系统识别的.dwg 文件，把实体模型文件输出为能被虚拟现实语言 VRML 识别的.wrl 文件。

(5) 备份文件

选择【文件】/【备份】命令可以将当前文件保存到另外一个存储目录。建议读者养成随时备份的好习惯，确保设计成果安全可靠。

(6) 重命名文件

选择【文件】/【重命名】命令可以重新命名当前模型。在磁盘上和进程中重命名时，将同时对进程和磁盘上的文件重命名。这种更改文件名称的方法将彻底修改文件的名称。

(7) 拭除文件

选择【文件】/【拭除】命令可以从进程中清除文件。拭除文件时，系统提供了两个命令。选择【当前】命令将从进程中清除当前打开的文件，同时关闭当前设计界面，但是文件仍然保存在磁盘上；选择【不显示】命令将清除系统曾经打开，现在已经关闭，但是仍然驻留在进程中的文件。

从进程中拭除文件的操作很重要。打开一个文件并对其进行修改后，即使并未保存修改结果，但是关闭该文件再重新打开得到的文件却是修改过的版本。这是因为修改后的文件虽然被关闭，但是仍然保留在进程中，而系统总是打开进程中文件的最新版本。只有将进程中的文件拭除后，才能打开修改前的文件。

(8) 删除文件

选择【文件】/【删除】命令可以将文件从磁盘上彻底删除。删除文件时，系统提供了两个命令。选择【旧版本】命令，系统将保留该文件的最新版本，删除掉其余所有早期的版本；选择【所有版本】命令，系统将彻底删除该模型文件的所有版本。

在设计中，使用鼠标的 3 个功能键可以完成不同的操作。将 3 个功能键与键盘上的 Ctrl 键和 Shift 键配合使用，可以在 Pro/E 系统中定义不同的快捷键功能，使用这些快捷键进行操作将更加简单方便。表 1-4 所示为各类快捷键在不同模型创建阶段的用途。

表 1-4   三键鼠标各功能键的基本用途

鼠标功能键 使用类型		鼠标左键	鼠标中键	鼠标右键
二维草绘模式 （鼠标按键单独使用）		1. 画连续直线（样条曲线） 2. 画圆（圆弧）	1. 终止画圆（圆弧）工具 2. 完成一条直线（样条曲线），开始画下一条直线（样条曲线） 3. 取消画相切弧	弹出快捷菜单
三维模式	鼠标按键单独使用	选取模型	旋转模型（无滚轮时按下中键或有滚轮时按下滚轮） 缩放模型（有滚轮时转动滚轮）	在模型树窗口或工具箱中单击将弹出快捷菜单
	与 Ctrl 键或 Shift 键配合使用	无	与 Ctrl 键配合并且上下移动鼠标：缩放模型与 Ctrl 键配合并且左右移动鼠标：旋转模型与 Shift 键配合并且移动鼠标：平移模型	无

鼠标功能键与 $\boxed{Ctrl}$ 键或 $\boxed{Shift}$ 键配合使用是指在按下 $\boxed{Ctrl}$ 键或 $\boxed{Shift}$ 键的同时操作鼠标功能键。

【案例1-6】 练习文件操作。

1. 启动 Pro/E。
2. 设置工作目录。
　　在计算机任意硬盘分区上建立文件夹"ProE 工作目录"。
(1) 选择【文件】/【设置工作目录】命令，打开【选取工作目录】对话框，浏览到刚刚创建的文件夹"ProE 工作目录"，将其设置为工作目录，以后系统将在这里存取文件。
(2) 将教学资源文件"项目 1\素材\electromotor.prt.1"复制到新设置的工作目录中。
3. 打开文件。
　　选择【文件】/【打开】命令，系统自动定位到工作目录，打开文件 electromotor.prt.1。这是一个电动机外壳模型，如图 1-45 所示。

图1-45　电动机外壳模型

4. 保存文件。
(1) 选择【文件】/【保存】命令，在打开的【保存对象】对话框中单击 $\boxed{确定}$ 按钮保存文件。
(2) 浏览到工作目录所在的文件夹，可以看到其中有 electromotor.prt.1 和 electromotor.prt.2 两个文件。说明保存文件时，其旧版本依旧存在。
(3) 再次选择【文件】/【保存】命令，保存文件 electromotor.prt.3。

　　双击【我的电脑】图标打开【我的电脑】窗口，选择【工具】/【文件夹】命令，在弹出的【文件夹选项】对话框中选择【查看】选项卡。在【高级设置】列表框中，确保【隐藏已知文件类型的扩展名】复选框未勾选，这样才能看到文件名最后的".1"、".2"等后缀。

5. 保存副本。
(1) 选择【文件】/【保存】命令，打开【保存副本】对话框。
(2) 任意指定新的文件保存位置。
(3) 在【新建名称】文本框中输入副本名称"e_motor"。注意这里必须输入新名称。
(4) 在【类型】下拉列表框中选取文件类型"STL(*.stl)"，如图 1-46 所示，随后关闭对话框。
(5) 在【输出 STL】对话框中按照图 1-47 所示设置参数，然后关闭对话框，最后输出的文件 e_omotor.stl 可以在 3DS max 软件中打开，此时的模型如图 1-48 所示。

图1-46 【保存副本】对话框

图1-47 设置参数

图1-48 STL 类型文件的电动机模型

6. 备份文件。

   选择【文件】/【备份】命令，打开【备份】对话框，将文件存放到另一目录下，建议备份时不要更改模型名称，以免引起混乱。

7. 重命名文件。

(1) 选择【文件】/【重命名】命令，打开【重命名】对话框，设置新文件名为"e_motor"。选中【在磁盘和进程中重命名】单选按钮。

(2) 浏览工作目录，可以看到全部文件已经重命名为"e_motor"。

8. 删除文件。

(1) 选择【文件】/【删除】/【旧版本】命令，将模型的所有旧版本删除。

(2) 系统询问删除文件的名称，单击鼠标中键确认。

(3) 浏览工作目录，可以看到仅仅剩下最新文件 e_motor。

9. 拭除文件。

(1) 选择【文件】/【拭除】/【当前】命令，确认系统的询问，将当前模型从进程中拭除，但是模型仍然保留在磁盘上，这是拭除与删除的区别。

(2) 选择【文件】/【拭除】/【不显示】命令，将拭除启动系统以来曾经打开过的所有模型，将进程清空。此时系统会给出拟拭除的模型的名称列表。

> **注意** 特别注意，从进程中拭除文件不同于删除文件。另外，拭除文件的操作很重要，一方面操作完成后，可以减少内存中的数据量，缓解内存负担；另一方面，可以避免模型之间的干扰，特别是组件装配时。建议设计过程中在一个设计阶段完成后养成定期拭除文件的好习惯。

实训

1. 练习 Pro/E 中文野火版 4.0 用户环境的使用。

(1) 启动 Pro/E 中文野火版 4.0。

(2) 熟悉设计环境的构成。

(3) 练习主菜单的使用。

(4) 练习上工具箱和右工具箱的使用。

2. 练习以下文件操作。

(1) 练习打开教学资源文件 "\项目 1\素材\blow.prt"，观察模型的特征构成。

(2) 将文件重命名为 "elec_blow.prt"。

(3) 保存文件。

(4) 保存文件副本。

(5) 删除旧文件。

项目小结

随着 CAD 技术的进步和成熟，CAD 软件的发展日新月异，从早期的二维模型到当今的实体模型乃至产品模型，CAD 技术历经了多次技术革命，其中以特征造型、参数化设计思想最引人注目。Pro/E 作为参数化设计软件的典型代表，其功能强大，应用广泛。Pro/E 中文野火版 4.0 与早期版本相比，在强化了设计功能的同时，进一步改善了用户界面，使之更加友好，更加人性化和智能化。

通过本项目的学习，读者应该重点领会 Pro/E 的典型设计思想，特别要理解实体建模、特征造型及参数化设计等先进设计理念的基本原理，为以后的深入学习打下必需的理论基础。

Pro/E 是一个功能强大的集成软件系统，由于用户的使用情况千差万别，在学习和使用的过程中难免会遇到困难，这时应该多向有经验的用户请教。Pro/E 的实用性很强，只有在设计实践中才能熟练掌握软件的使用。一些重要操作及高级功能还需要读者在实践中逐渐体会和探索。唯有反复实践，才能真正得心应手地使用该软件。

思考与练习

1. 打开教学资源文件 "\项目1\素材\fig.prt"，观察该图形的组成，说明其主要由哪些要素构成。

2. 打开教学资源文件 "\项目1\素材\mod.prt"，观察该模型的结构，说明其主要由哪些特征构成。

项目二

掌握绘制二维图形的方法和技巧

现代设计中，二维平面设计与三维空间设计相辅相成。Pro/E 虽然以其强大的三维设计功能著称，但其二维设计功能依然突出，特别是其中蕴涵的尺寸驱动、关系及约束等设计思想在现代设计中具有重要的地位。二维设计和三维设计密不可分，只有熟练掌握了二维草绘设计工具的用法，才能在三维造型设计中游刃有余。

 学习目标

- 了解二维绘图环境及其设置。
- 掌握常用二维绘图工具的用法。
- 掌握约束的概念及其应用。
- 熟悉绘制复杂二维图形的一般流程和技巧。
- 明确二维图形和三维实体模型之间的关系。

任务一 熟悉二维绘图环境及二维设计思想

基础知识

1. 认识二维设计环境

Pro/E 提供了一个开放的人性化二维环境，可以帮助设计者高效率地绘制出高质量的二维图形。设计过程中，读者要能够熟练使用系统提供的设计工具来创建图形，同时还要能够灵活使用各种辅助工具优化设计环境。

启动 Pro/E 后，选择【文件】/【新建】命令或在设计界面左上角单击 □ 按钮，打开【新建】对话框，选中【草绘】单选按钮，如图 2-1 所示。随后单击 确定 按钮即可进入二维草绘环境，其组成如图 2-2 所示。

 提示
　　对于具有滚轮的三键鼠标，滚动滚轮可以缩小或放大视图，在按住 Shift 键的同时按住鼠标中键移动鼠标可以移动视图。

2. 明确二维图形的构成

一幅完整的二维图形包括几何、约束和尺寸等 3 种图形元素，如图 2-3 所示。

(1) 几何图素

几何图素是组成图形的基本单元（由右工具箱上的绘图工具绘制而成），主要类型包括直线、圆、圆弧、矩形及样条线等，如图 2-4 所示。当由二维图形创建三维模型时，二维图形的几何图素直接决定了三维模型的形状和轮廓。

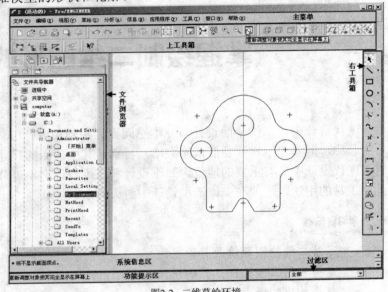

图2-1 新建【草绘】文件　　　　　　　图2-2 二维草绘环境

(2) 约束

约束是施加在一个或一组图元之间的一种制约关系，从而在这些图元之间建立关联，以便达到在修改图形时"牵一发而动全身"的设计效果，如图 2-5 所示。

(3) 尺寸

尺寸是对图形的定量标注，通过尺寸可以明确图形的形状、大小及图元之间的相互位置关系，如图 2-6 所示。

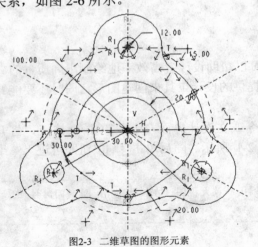

图2-3 二维草图的图形元素　　　　　　图2-4 二维草图的几何元素

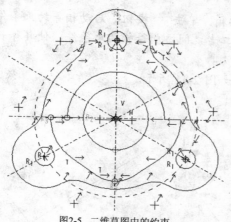

图2-5 二维草图中的约束

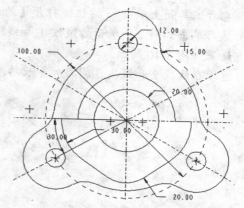

图2-6 二维草图的尺寸驱动

注意 在设计过程中，要注意使用上工具箱上的显示控制工具和界面底部的过滤器来对以上设计图素进行筛选，以方便设计工作的进行。

3. 认识二维与三维的关系

在 Pro/E 设计中，常使用二维绘图方法来创建三维图形的截面图，这一过程在三维建模中被称为"二维草图绘制"，简称"二维草绘"。

（1）截面图

截面是指模型被与轴线正交的平面剖切后的平面。根据三维实体建模原理，三维模型一般都是由具有确定形状的二维图形沿着轨迹运动生成或者将一组截面依次相连生成的。

（2）三维建模原理

三维建模的基础工作就是绘制符合设计要求的截面图，然后使用各种建模方法来创建模型。如图 2-7 所示的截面，将其沿着与截面垂直的方向拉伸即可创建如图 2-8 所示的三维模型。

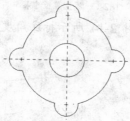

图2-7 模型截面

图2-8 拉伸建模

【案例2-1】 绘制图形 1。

下面将通过 Pro/E 的尺寸驱动思想和约束来绘制一个正五边形，以此来帮助读者建立对两者的基本感性认识。

1. 新建文件。

在【文件】菜单中选择【新建】命令，新建名为"figure1"的草绘文件。

2. 选择【草绘】/【选项】命令，打开【草绘器优先选项】对话框，在【杂项】选项卡中取消对【弱尺寸】复选框的勾选，隐藏图形上的弱尺寸。

3. 在右工具箱上单击 ＼ 按钮，随意绘制一个五边形图案，此时不必考虑线段的长度和位置关系，结果如图 2-9 所示。

4. 在右工具箱上单击 ⊡ 按钮，打开【约束】工具箱，单击 = 按钮，启动相等约束条件，然后单击如图 2-9 所示的线段 1 和线段 2，在二者之间添加等长约束条件，使其等长，结果如图 2-10 所示。

5. 继续在线段 2 和线段 3 间添加等长约束，结果如图 2-11 所示。

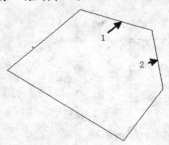

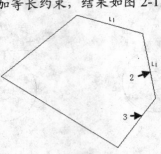

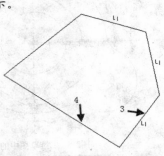

图2-9　添加等长约束 1　　　　　　图2-10　添加等长约束 2　　　　　　图2-11　添加等长约束 3

> 确保此时上工具箱上的 ⧉ 按钮处于被按下状态才能看到约束标记。添加等长约束条件后，图形上将显示等长约束标记 "L1"。

6. 在线段 3 和线段 4 以及线段 4 和线段 5 之间添加等长约束条件，结果如图 2-12 和图 2-13 所示。至此，五边形全部边的长度均相等。

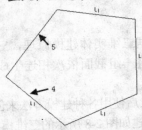

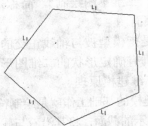

图2-12　添加等长约束 4　　　　　　　　　　　图2-13　添加等长约束 5

7. 在右工具箱上单击 ꠵ 按钮，启动尺寸标注工具。按照图 2-14 所示标注角度尺寸，结果如图 2-15 所示。

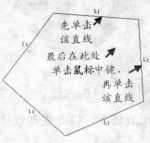

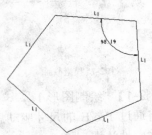

图2-14　标注角度尺寸 1　　　　　　　　　　　图2-15　标注后的角度尺寸

> 确保此时上工具箱上的 ꠵ 按钮处于被按下状态才能看到标注的尺寸。

8. 按照同样的方法再任意标注一个角度尺寸，如图 2-16 所示。

9. 在角度尺寸数字上双击鼠标左键，打开尺寸输入文本框，将尺寸数值改为 "108"，如图 2-17 所示。

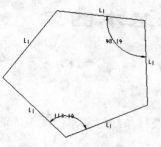

图2-16 标注角度尺寸2

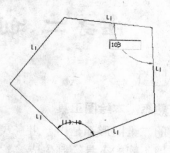

图2-17 修改角度尺寸1

10. 继续修改另一个角度尺寸为"108",此时,图形已经具备正五边形的雏形了,如图 2-18 所示。

11. 单击 按钮,打开【约束】工具箱,在其上单击 按钮,启动水平约束条件,然后单击图形下边线,在其上添加水平约束条件,使之处于水平位置,如图 2-19 所示。

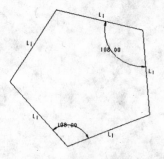

图2-18 修改角度尺寸2

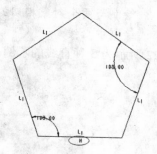

图2-19 添加水平约束

12. 单击 按钮,打开尺寸标注工具,首先选中水平线段,然后在线段外空白处单击鼠标中键,标注一个边长尺寸,如图 2-20 所示。

13. 在边长尺寸上双击鼠标左键,将其数值修改为"100"。至此一个边长为 100,正向放置的多边形就创建完成了,如图 2-21 所示。

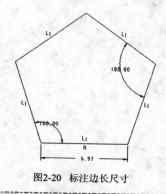

图2-20 标注边长尺寸

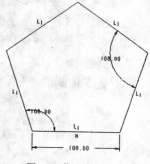

图2-21 修改边长尺寸

通过上例可以看出,尺寸驱动和约束增强了设计的智能化。用户只需要将设计目的以"尺寸"或者"约束"等指令格式交给系统,系统就能够严格按照这些条件来创建准确的图形。这不但减轻了设计者的负担,而且提高了设计效率,保证了设计的准确性。

任务二 创建和编辑基本图元

一、熟悉基本绘图工具

完整的二维图形都是由一组直线、圆弧、圆、矩形及样条线等基本图元组成的。这些图元分别使用不同的工具绘制生成。

（1）直线工具

直线的绘制方法最为简单，通过两点即可绘制一条线段。首先确定线段起点，然后确定线段终点，单击鼠标中键结束图形绘制。

系统提供了以下 3 种直线工具。

- ╲：最基本的设计工具，经过两点绘制线段。
- ╲：绘制与两个对象相切的直线。
- ┆：绘制中心线。

图 2-22 所示为 3 种直线的示例。

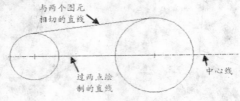

图2-22 绘制直线

（2）圆工具

圆在二维图形中的应用也相当广泛，虽然完全确定一个圆只要圆心和半径参数就足够，但是由于实际设计中往往通过图形之间的相互关系来绘图，系统提供以下 5 种创建方法。

- ○：根据圆心和半径画圆。
- ◎：绘制与已知圆同心的圆。
- ◌：经过圆上 3 点来绘制圆。
- ◌：绘制与 3 个对象相切的圆。
- ○：绘制椭圆。

图 2-23 所示是 5 种圆的示例。

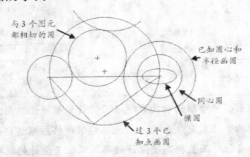

图2-23 圆的绘制类型

(3) 矩形工具

在 Pro/E 中，矩形的绘制最简单，只需要确定矩形的两个对角点即可。在右工具箱上单击 □ 按钮，然后按住鼠标左键从左至右或者从右至左拖动就可以绘制出矩形。绘制完成后，边线上会自动添加水平或竖直约束，如图 2-24 所示。

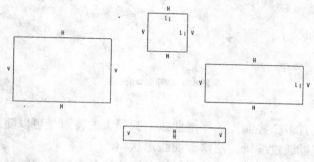

图2-24　绘制矩形

(4) 圆角工具

连接两个图元时，在交点处除了采用尖角连接外，还可以使用圆弧连接，这样的图形更为美观，并且通过这样的二维图形创建的三维模型可以省去创建倒圆角特征的步骤，从而简化了设计过程。系统提供了以下两种圆角工具。

- ⟍ ：在两个图元连接处创建圆角。
- ⟍ ：在两个图元连接处创建椭圆角。

圆角（椭圆角）的创建过程比较简单，选取放置圆角的两条边后即可放置圆角，然后根据需要修改圆角半径，如图 2-25 所示。

图2-25　绘制圆角

(5) 圆弧工具

圆弧的绘制和圆有一定的相似性，也包括圆心和半径这两个主要参数，但是由于圆弧实际上是圆的一部分，因此还需要确定其起点和终点。系统共提供以下 5 种画弧的方法。

- ⟍ ：通过 3 点创建圆弧。
- ⟍ ：创建与已知圆或圆弧同心的圆弧。
- ⟍ ：通过圆心和圆弧端点来创建圆弧。
- ⟍ ：创建与 3 个图元均相切的圆弧。
- ⌒ ：创建锥圆弧。

采用以上工具创建的圆弧示例如图 2-26 所示。

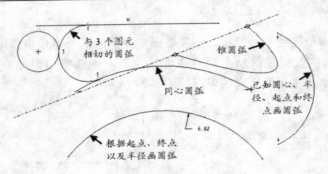

图2-26 创建圆弧的类型

(6) 样条线工具

样条线是一条具有多个控制点的平滑曲线，其最大的特点是可以随意进行形状设计，在曲线绘制完成后还可以通过编辑方法修改曲线形状。

在右工具箱上单击 ~ 按钮，然后使用鼠标左键依次单击样条曲线经过的控制点，最后单击鼠标中键，完成图形的绘制，结果如图 2-27 所示。

图2-27 绘制样条线

样条曲线绘制完成后，最简单的修改方式是按住鼠标左键拖动曲线上的控制点来调整曲线的外形，如图 2-28 所示。

图2-28 编辑样条线

(7) 点和坐标系工具

点可以作为曲线设计的参照。坐标系在三维建模中应用较为广泛，可以作为定位参照。它们的创建比较简单，在右工具箱上单击 × 按钮即可在界面中单击鼠标左键放置点。

单击 × 按钮右侧的 ▸ 按钮展开工具组，单击 ↳ 按钮可在界面中放置坐标系，如图 2-29 所示。

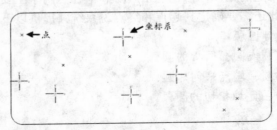

图2-29 创建点和坐标

(8) 文本工具

在右工具箱上单击 Ⓐ 按钮，打开文本设计工具，即可创建文字。

首先根据系统提示选取一点确定文字行的起始点，然后继续选取第二点确定文本的高度和方向，绘制文字高度线。

接下来在如图 2-30 所示的【文本】对话框中确定文字的属性参数，如字体、间距及比例等；输入文本内容创建文字；最后修改文本高度线的尺寸调节文本大小。

注意对文字方向的理解，如果从起始点开始向上确定第二点，这时创建文字的效果如图 2-31 所示，如果从起始点开始向下确定第二点，这时创建文字的效果如图 2-32 所示。

图2-30 【文本】对话框

图2-31 创建文字1

图2-32 创建文字2

(9) 图案工具

Pro/E 中文野火版 3.0 以后的版本提供了图案创建工具，在右工具箱中单击 ◔ 按钮打开【草绘器调色板】对话框，如图 2-33 所示。这上面提供了【多边形】、【轮廓】、【形状】和【星形】4 种类型的图案，可以帮助设计者简单快捷地绘制形状规则且对称的图形。

在【草绘器调色板】对话框下部的形状列表中双击需要绘制的图案，待鼠标变为 形状后，在设计界面中拖动即可绘制图形，同时在如图 2-34 所示的【缩放旋转】对话框中设置参数可以对图案进行缩小、放大及旋转操作。

图2-33 【草绘器调色板】对话框

图2-34 【缩放旋转】对话框

各种图案的示例如图 2-35 所示。

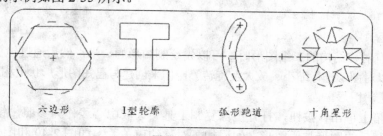

图2-35 图案示例

二、熟悉图元编辑工具

使用基本工具创建的图元并不一定正好符合设计要求，有时需要对其进行截断和修剪等操作，为了提高绘图效率，还可以对图形进行复制操作，这些都是对图形的编辑。

(1) 修剪工具

使用裁剪工具可以将一个图元分割为多条线段，并裁去其中不需要的部分，最后获得理想的图形。在实际绘图过程中，用户总是将设计工具和裁剪工具交替使用。

- 工具

纯二维模式下，系统会自动把相交的图元在相交处截断，通常不需要使用工具，但在三维绘图环境下绘制二维图形时，有时需要使用工具将图元在选定的参考点处截断。

- 工具

工具的使用比较简单，单击需要删除的图元即可将其删除。如果待删除的图元较多，可以使用鼠标拖动画出轨迹线，凡与轨迹线相交的线条都会被删除。

- 工具

工具用于将选定的两个图元在交点处裁剪，如果两图元尚未相交，则将其延伸到交点处再裁剪。选取如图 2-36 所示的对象，延长这两条不相交的线段，然后在交点处裁剪掉未被选中一侧的线条，结果如图 2-37 所示。

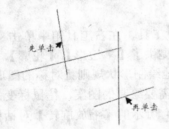
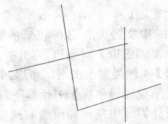

图2-36 选择对象1　　　　　　　　　　图2-37 裁剪结果1

对于已经相交的线段，按下按钮后，选取如图 2-38 所示的参照，直接在交点处裁剪掉未被选中一侧的线条，结果如图 2-39 所示。

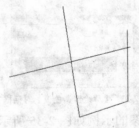

图2-38 选择对象2　　　　　　　　　　图2-39 裁剪结果2

(2) 复制工具

在创建具有对称结构的二维图形时，可以先绘制图形的一半，然后通过镜像复制方法创建另一半；还可以对图形进行缩小、放大及旋转等操作来创建与已知图形形状上相近的图形。

- 镜像复制图形

在右工具箱上单击按钮，打开镜像复制工具。选取中心线作为参照，镜像复制选定的图形，镜像复制后的图形与原图形之间添加了对称约束关系，如图 2-40 和图 2-41 所示。

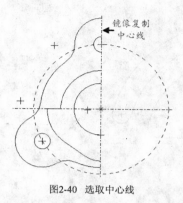

图2-40　选取中心线

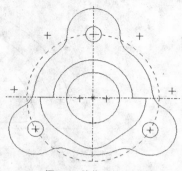

图2-41　镜像后的图形

- 缩放与旋转

在右工具箱上单击◎按钮，打开缩放与旋转工具。用户可以对选定的图形进行旋转、缩小和放大操作以创建新的图形。

此时图上将出现 3 个控制手柄，分别用于移动、旋转和缩放图形，如图 2-42 所示。如果要精确缩放和旋转图形，可以在右侧对话框中输入参数进行操作。

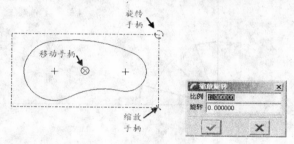

图2-42　控制手柄

将图形旋转 90°后的结果如图 2-43 所示，图形缩小后的结果如图 2-44 所示。

图2-43　旋转后的图形　　　　　　　　　　图2-44　缩放后的图形

　　　　其中移动手柄兼做旋转中心，按住鼠标右键拖动该手柄可以移动其位置，从而调整图形的旋转中心。

【案例2-2】　绘制图形 2。

本例最后创建的图形如图 2-45 所示。其设计重点是帮助读者学习并掌握各种图元创建和编辑工具的用法，并熟悉二维图形绘制的一般流程和技巧。

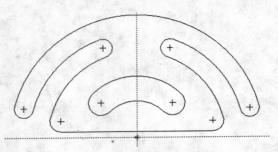

图2-45　创建完成的图形

1.　新建文件。

在上工具箱中单击 □ 按钮打开【新建】对话框，在【类型】分组框中选择【草绘】选项，在【名称】文本框中输入 "Figure2"。然后关闭对话框，进入草绘环境。

2.　绘制中心线。

按照如图 2-46 所示绘制 5 条中心线。

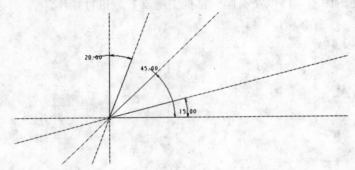

图2-46　绘制中心线

3.　绘制圆弧。

(1)　使用右工具箱中的 ⟍ 工具绘制一段圆弧，如图 2-47 所示。

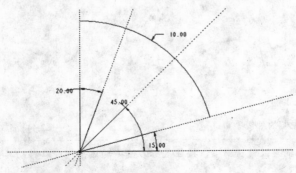

图2-47　绘制圆弧

(2)　继续使用 ⟍ 工具绘制两段与上一步绘制的圆弧同心的圆弧，如图 2-48 所示。

(3)　继续使用 ⟍ 工具绘制两段半圆弧，如图 2-49 所示。

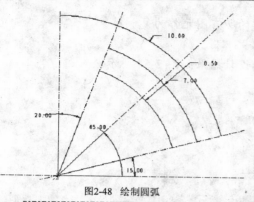

图2-48 绘制圆弧

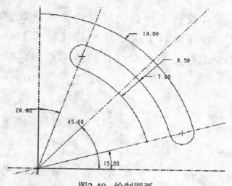

图2-49 绘制圆弧

　使用 ＼工具绘制圆弧时，选取前面创建的圆弧的两个端点作为第一点和第二点，拖动鼠标将第三点放置在前两点的连线上，这样绘制的圆弧就是半圆弧。

（4）绘制两段圆弧，如图 2-50 所示。

（5）使用 ＼工具绘制半圆弧，如图 2-51 所示。

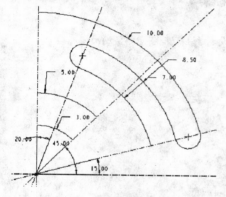

图2-50 绘制圆弧

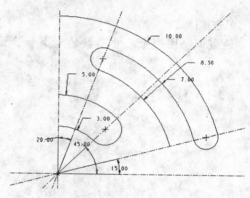

图2-51 绘制圆弧

4. 绘制直线和圆弧。

（1）使用 ＼工具绘制一条直线，如图 2-52 所示。

（2）使用 ＼工具绘制圆弧，结果如图 2-53 所示。

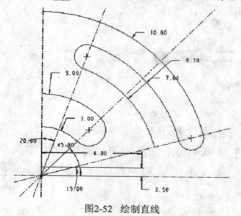

图2-52 绘制直线

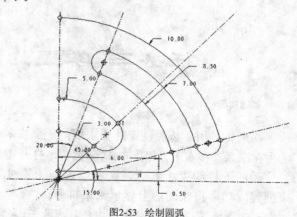

图2-53 绘制圆弧

5. 镜像复制图形。

(1) 在设计工作区使用框选方式选取前面创建的所有图元作为复制对象。

(2) 在【编辑】菜单中选择【镜像】命令。

(3) 选取竖直中心线作为镜像参照，镜像后的设计结果如图 2-54 所示。

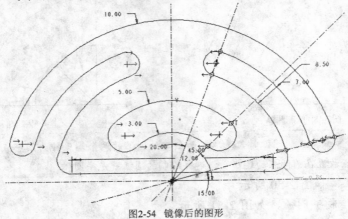

图2-54 镜像后的图形

6. 修整图形。

适当调整图形上尺寸参数的大小和位置，最终设计结果如图 2-55 所示。

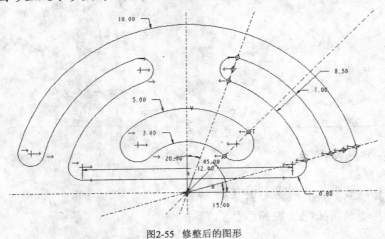

图2-55 修整后的图形

任务三 掌握约束工具的用法

基础知识

约束工具用于按照特定的要求规范一个或多个图元的形状和相互关系，从而建立图元之间的内在联系。在右工具箱上单击 按钮，打开【约束】工具箱，上面放置了 9 种约束工具。

激活一种约束工具后，选取约束施加的对象。如果在上工具箱上按下了 按钮，则约束创建成功后将在图形上显示约束符号。

- ⬆：竖直约束。让选中的图元处于竖直状态，如图 2-56 所示。
- ↔：水平约束。让选中的图元处于水平状态，如图 2-57 所示。

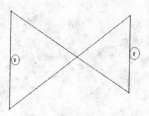

图2-56 竖直约束

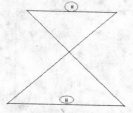

图2-57 水平约束

- ⊥：垂直约束。让选中的两个图元处于垂直状态，如图 2-58 所示。
- ⅋：相切约束。让选中的两个图元处于相切状态，如图 2-59 所示。

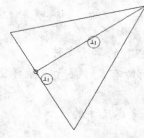

图2-58 垂直约束

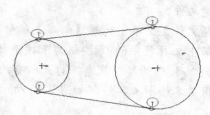

图2-59 相切约束

- ＼：中点约束。将点置于线段中央，如图 2-60 所示。
- ⊙：共点约束。将选定的两点对齐在一起或将点放置到直线上，或者将两条直线对齐，如图 2-61 所示。

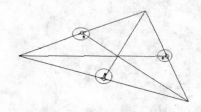

图2-60 中点约束

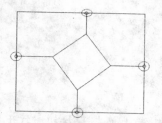

图2-61 共点约束

- ＋｜＋：对称约束。将选定的图元关于参照（如中心线等）对称布置，如图 2-62 所示。
- ＝：相等约束。使两条直线或者圆（弧）图元之间具有相同长度或相等半径，如图 2-63 和图 2-64 所示。

图2-62 对称约束

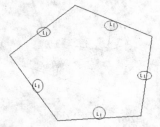

图2-63 相等约束1

- ∥：平行约束。使两个图元相互平行，如图 2-65 所示。

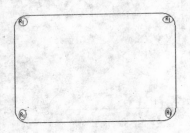

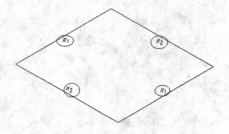

图2-64 相等约束2　　　　　　　　　　　　图2-65 平行约束

【案例2-3】 绘制图形3。

下面结合实例说明约束工具在设计中的应用。

1. 新建文件。

在【文件】菜单中选择【新建】命令，新建名为 "figure3" 的草绘文件。

2. 确保上工具箱中的 ⊞ 按钮为未按下状态，关闭图形上的所有尺寸显示，确保上工具箱中的 ⊥ 按钮为按下状态，打开所有约束显示。

3. 使用基本绘图工具绘制如图2-66所示的图形，此时不必考虑尺寸的准确性。

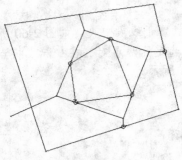

图2-66 最初草图

4. 在右工具箱上单击 ⊞ 按钮，打开【约束】工具箱，单击 ◈ 按钮，打开共点约束工具，首先单击如图2-67所示的端点1，然后单击线段2，将端点放置在线段上，如图2-68所示。

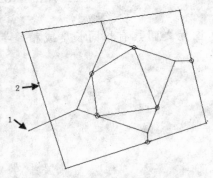

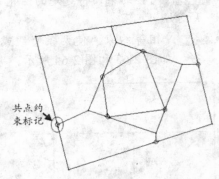

图2-67 添加共点约束　　　　　　　　　　图2-68 共点约束结果

5. 单击 // 按钮，在如图2-69所示的两个图元之间添加平行约束条件。首先选取线段1，然后选取线段2，结果如图2-70所示（注意图上的约束标记）。

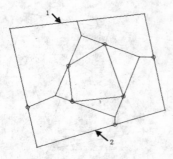

图2-69 添加平行约束

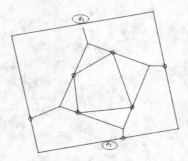

图2-70 平行约束结果

6. 由于图形重新调整，用户可能看到上端有线段和图形分离，如图 2-71 所示。使用 工具将其约束到线段上，如图 2-72 所示。

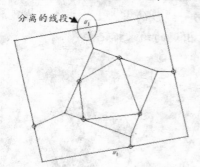

图2-71 添加共点约束

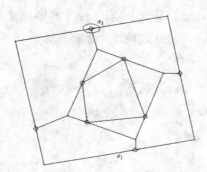

图2-72 共点约束结果

7. 单击 **//** 按钮，在如图 2-73 所示的两个图元之间添加平行约束条件。首先选取线段 1，然后选取线段 2，结果如图 2-74 所示。

> 注意施加在不同对象组之间的同类约束使用的是不同的标记下标，以方便进行区分。

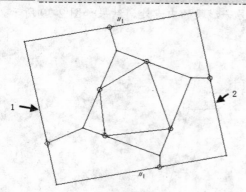

图2-73 添加平行约束

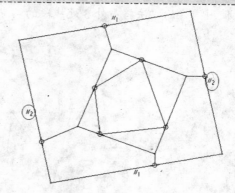

图2-74 平行约束结果

8. 使用 **=** 工具在如图 2-75 所示的 4 条线段之间添加相等约束条件。在添加这些条件时必须注意顺序，需要两两依次添加，即先在线段 1 和线段 2 之间添加（先选取线段 1 后再选取线段 2），再在线段 2 和线段 3 之间添加（先选取线段 2 后再选取线段 3），最后在线段 3 和线段 4 之间添加，结果如图 2-76 所示。

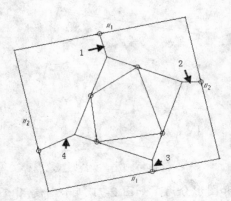

图2-75 添加相等约束

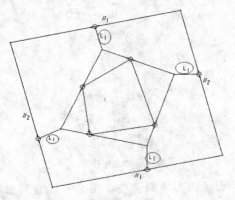

图2-76 相等约束结果

9. 使用 工具将如图 2-77 所示线段的端点约束到另一线段的中点上。先选取线段的端点 1，再选取线段 2，结果如图 2-78 所示（注意此时出现的约束标记）。

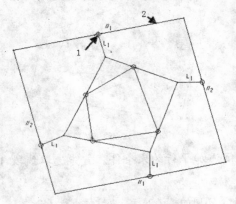

图2-77 添加中点约束

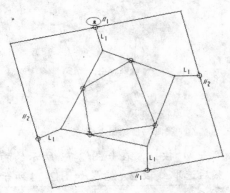

图2-78 中点约束结果

10. 使用同样的方法将另外 3 处线段的端点约束到另一线段的中点处，结果如图 2-79 所示。

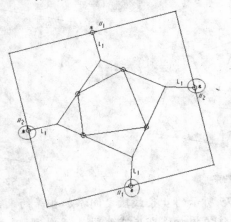

图2-79 添加中点约束

11. 使用 = 工具在如图 2-80 所示的 4 条线段之间添加相等约束条件，结果如图 2-81 所示。

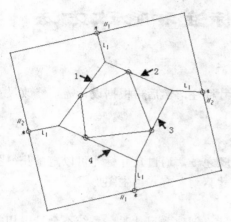

图2-80 添加相等约束

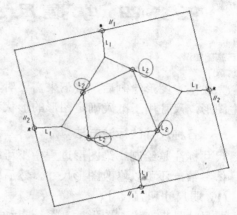

图2-81 相等约束结果

12. 使用 ＼ 工具将如图 2-82 所示 4 处线段的端点约束到另一线段的中点处，如图 2-83 所示。

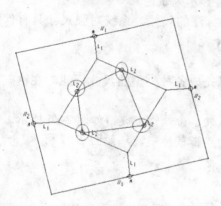

图2-82 添加中点约束

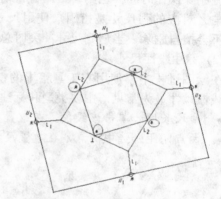

图2-83 中点约束结果

> 提示　如果添加约束失败，可以适当更改一下操作顺序。另外，经过约束之后，图形最里面的四边形已经成为等边四边形了，如果还要在其上添加等长约束条件，则会发生约束冲突。

13. 在如图 2-84 所示边线上添加水平约束条件。

14. 在如图 2-85 所示边线上添加竖直约束条件。

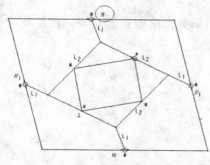

图2-84 添加水平约束

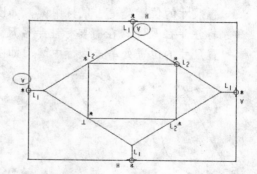

图2-85 添加竖直约束

任务四 掌握尺寸的标注和修改方法

基础知识

完成基本图形绘制后，接下来需要对其进行尺寸标注，然后再根据设计需要修改尺寸，再生图形，尺寸用于准确确定图形的形状和大小。

一、各种尺寸的标注方法

尺寸标注是绘制二维图形过程中不可缺少的步骤之一，通过尺寸标注可以定量获得图形的具体参数，还可以修改图形尺寸，然后使用"尺寸驱动"方式再生图形。

(1) 弱尺寸和强尺寸

弱尺寸是指在绘制图形后，系统自动标注的尺寸。创建弱尺寸时，系统不会给出相关的提示信息。同时，当用户创建的尺寸与弱尺寸发生冲突时，系统将自动删除冲突的弱尺寸，在实施删除操作时同样也不会给出警告信息。弱尺寸显示为灰色。

与之对应的强尺寸是指用户使用尺寸标注工具标注的尺寸。系统对强尺寸具有保护措施，不会擅自删除，当遇到尺寸冲突时总是提醒设计者自行解决。

(2) 标注线性尺寸

在绘图过程中，使用右工具箱上的 工具可以完成各种类型的尺寸标注。在这些尺寸中，线性尺寸最为常见，主要类型和标注方法如下。

- 线段长度：单击该线段，在放置尺寸的位置处单击鼠标中键，如图 2-86 所示。
- 两点间距：选中两点，在放置尺寸的位置处单击鼠标中键，如图 2-87 所示。

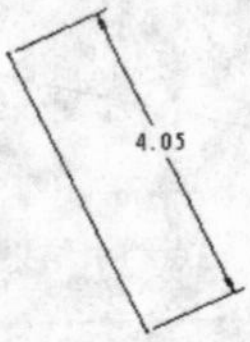

图2-86 线段长度

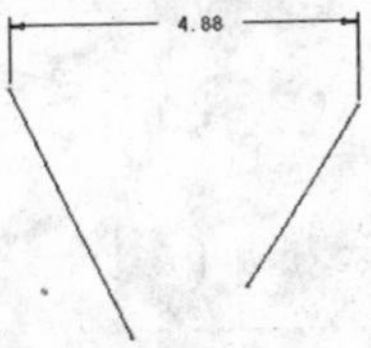

图2-87 两点间距

(3) 标注直径和半径尺寸

对于圆（圆弧）来说，既可以标注其直径尺寸，也可以标注其半径尺寸。

- 标注直径尺寸：在需要标注直径尺寸的圆（圆弧）上双击鼠标左键，然后在放置尺寸的位置处单击鼠标中键，如图 2-88 所示。
- 标注半径尺寸：在需要标注半径尺寸的圆（圆弧）上单击鼠标左键，然后在放置尺寸的位置处单击鼠标中键，如图 2-89 所示。

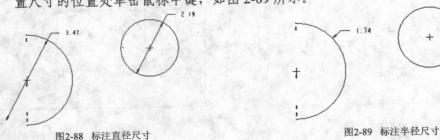

图2-88 标注直径尺寸

图2-89 标注半径尺寸

(4) 标注角度尺寸

如果要标注两个图元围成的角度尺寸，可以使用以下两种方法。

- 标注两条相交直线的夹角：单击鼠标左键选取需要标注角度尺寸的两条直线，然后在放置尺寸的位置处单击鼠标中键，如图 2-90 所示。
- 标注圆弧角度：首先选取圆弧起点，然后选取圆弧终点，接着选取圆弧本身，然后在放置尺寸的位置处单击鼠标中键，如图 2-91 所示。

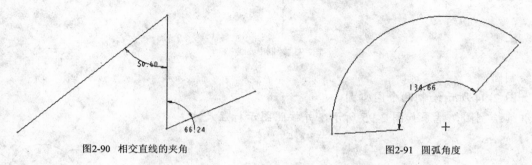

图2-90 相交直线的夹角　　　　　　　图2-91 圆弧角度

二、尺寸的修改方法

如果修改单个尺寸，直接双击该尺寸（强尺寸或弱尺寸）打开输入文本框，在其中输入新的尺寸数值后，系统立即使用该数值再生图形，重新获得新的设计结果。使用上一种方法修改单个尺寸后，系统会立即再生尺寸。如果对该尺寸的修改比例太大，再生后的图形会严重变形，不便于对其进行进一步操作。这时可以使用右工具箱上的⋺工具来修改图形。

【案例2-4】 图形4。

本例最后绘制的图形如图 2-92 所示，设计中综合使用了图元创建工具、编辑工具及尺寸标注等手段。

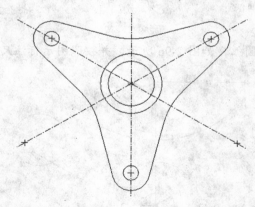

图2-92 最后创建的图形

1. 新建文件。

在上工具箱中单击□按钮，打开【新建】对话框，在【类型】分组框中选择【草绘】选项，在【名称】文本框中输入"Figure4"。然后关闭对话框，进入草绘环境。
2. 绘制中心线。

绘制一条竖直中心线和两条分别与之成60°夹角的中心线，如图 2-93 所示。

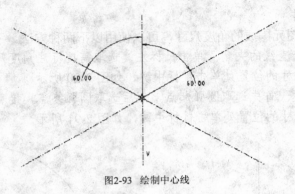

图2-93 绘制中心线

3. 绘制圆。

(1) 如图 2-94 所示绘制两个同心圆。

(2) 继续绘制圆，结果如图 2-95 所示，并按照图示标注尺寸。

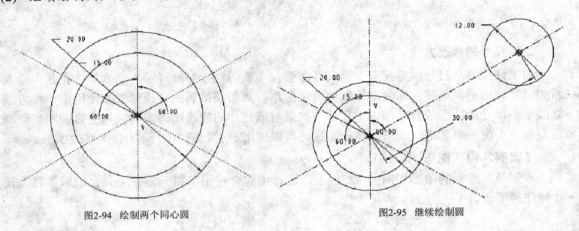

图2-94 绘制两个同心圆

图2-95 继续绘制圆

4. 绘制圆弧。

使用 工具绘制一段圆弧，如图 2-96 所示，并按照图示标注尺寸。

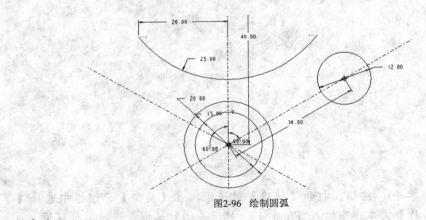

图2-96 绘制圆弧

5. 绘制直线。

使用 ＼ 工具绘制一段直线，并在直线和与之邻接的圆弧之间添加相切约束条件，结果如图 2-97 所示。

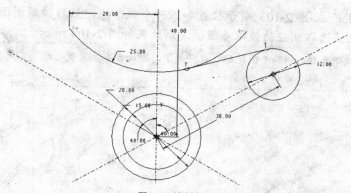

图2-97 绘制直线

有更为简便的方法绘制该直线，直接使用 ╲ 工具即可绘制与两个图元都相切的直线，后面的实例中将介绍该工具的用法。单击 ╲ 工具旁边的 ▶ 按钮，在弹出的工具条上即可看到 ╲ 工具。

6. 裁剪直线。使用修剪工具修剪直线，保留如图 2-98 所示结果。

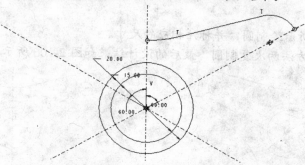

图2-98 修剪后的图形

7. 镜像复制图形。

(1) 如图 2-99 所示选取复制对象和复制参照，复制结果如图 2-100 所示。

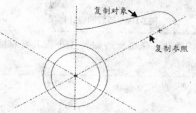

图2-99 选取复制对象和复制参照

图2-100 镜像复制结果

(2) 如图 2-101 所示选取复制对象和复制参照，复制结果如图 2-102 所示。

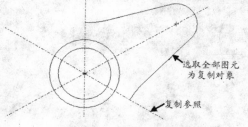

图2-101 选取复制对象和复制参照

图2-102 镜像复制结果

(3) 使用分割工具 在图 2-103 所示位置加入一个截断点，然后按照图示选取上部图元作为复制对象，并选取相应的镜像参照，复制结果如图 2-104 所示。

> 通过镜像复制后的两个图元融合在一起了，因此在本次复制之前，首先要将其截断。

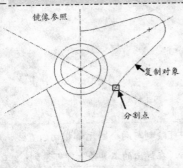

图2-103 选取复制对象和复制参照

图2-104 镜像复制结果

8. 绘制圆。

(1) 按照如图 2-105 所示绘制圆，并标注相应的尺寸。

(2) 使用镜像复制的方法两次复制圆，最后的设计结果如图 2-106 所示。

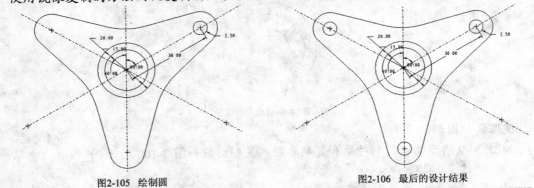

图2-105 绘制圆

图2-106 最后的设计结果

> 此处也可以直接绘制 3 个圆，绘图时捕捉相等约束条件即可保证所绘制的 3 个圆具有相同的半径。

实训

绘制如图 2-107 所示的心形图案。

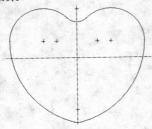

图2-107 心形图案

操作提示如下。

(1) 绘制 3 个圆,如图 2-108 所示。

(2) 绘制相切圆弧,如图 2-109 所示。

(3) 裁剪多余图线,如图 2-110 所示。

(4) 镜像复制图形,如图 2-111 所示。

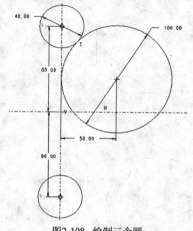

图2-108 绘制三个圆

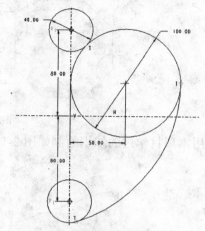

图2-109 绘制相切圆弧

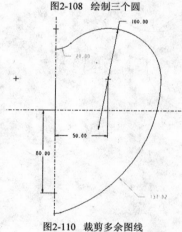

图2-110 裁剪多余图线

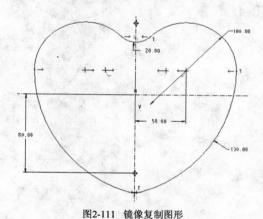

图2-111 镜像复制图形

项目小结

　　二维草绘是三维设计的基础,设计过程中充分体现了 Pro/E 的参数化建模思想。学习基本设计工具用法的同时,要充分理解"尺寸驱动"及"约束"的含义。

　　无论怎样复杂的二维图形都由直线、圆、圆弧、样条曲线和文本等基本图元组成。创建二维图元后,一般还要使用系统提供的修改、裁剪及复制等工具进一步编辑图元,最后才能获得理想的图形。

　　约束是二维草绘中极其有效的一种设计工具。首先应该明确约束的类型及适用条件,然后在设计中合理使用约束来简化设计过程。尺寸是二维图形的主要组成部分之一,首先应该掌握各种类型尺寸的标注方法及尺寸的编辑方法,最后还应掌握尺寸与约束冲突的解决技巧。

思考与练习

1. 使用本项目学过的知识绘制如图 2-112 所示的图形。

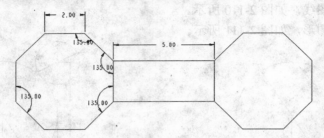

图2-112　绘制图形 1

2. 使用本项目学过的知识绘制如图 2-113 所示的图形。

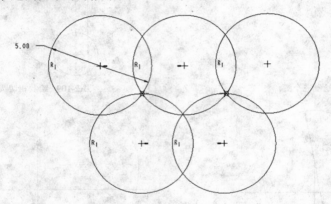

图2-113　绘制图形 2

项 目 三

领会实体建模原理

三维实体模型结构清晰、简明直观，不需要进行投影和视角变换就可以直观地获得模型的构成和特点。拉伸建模是最常用的实体建模手段，本项目将以拉伸建模帮助读者领会实体建模的基本原理。

本例按照特征建模顺序采用"搭积木"方式将一组拉伸实体特征"堆砌"为一个支座模型，其中每个拉伸实体特征的建模过程虽然相似，但是具体参数的选择上各有特点，其设计思路和步骤如图 3-1 所示。

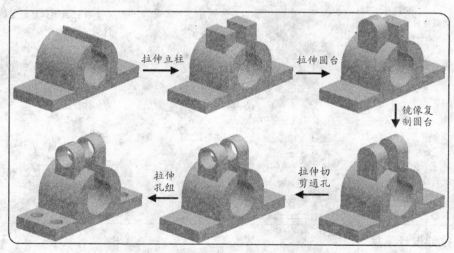

图3-1 支座模型的设计思路和步骤

学习目标

- 掌握拉伸实体模型的成型原理。
- 掌握草绘平面的选取方法。
- 掌握草绘视图方向的设置方法。
- 掌握草绘截面图的绘制方法。
- 掌握特征深度的设置方法。
- 掌握实体建模的基本流程和技巧。

任务一 创建第一个拉伸实体特征

一、拉伸建模原理

拉伸是将封闭截面围成的区域按照与该截面垂直的方向添加或去除材料来创建实体特征的方法。拉伸原理同样适用于曲面的创建，其具体应用如表 3-1 所示。

表 3-1 拉伸设计的应用

序号	要点	原理图	说明
1	增加材料		从零开始或者在已有实体基础上生长出新的实体
2	切减材料		在已有实体基础上切去部分材料
3	加厚草绘		仅将草绘截面加厚一定尺寸创建实体特征
4	嵌套截面拉伸		可以适用相互之间不交叉的嵌套截面创建拉伸实体

二、拉伸设计工具

在右工具箱中单击 按钮，将在设计界面底部打开设计图标板，如图 3-2 所示。

图3-2 拉伸设计工具

启动拉伸设计工具后，在设计界面空白处长按鼠标右键（按住鼠标右键停留 3 秒左右），弹出快捷菜单，选择【定义内部草绘】命令，也可以打开【草绘】对话框，更加简便。选择【曲面】命令可以创建曲面特征，选择【加厚草绘】命令可以创建加厚草绘特征。

【步骤解析】

1. 新建文件。

(1) 在【文件】菜单中选择【新建】命令，打开【新建】对话框，新建名为 "extrude" 的零件文件。

(2) 使用系统提供的默认模板，进入三维建模环境。

2. 创建第一个拉伸实体特征。

单击 按钮，打开设计图标板，在图标板左上角单击 放置 按钮，弹出草绘参数面板，单击 定义... 按钮，打开【草绘】对话框，选取标准基准平面 TOP 作为草绘平面。直接在【草绘】对话框中单击 草绘 按钮使用系统默认的参照放置草绘平面，随后进入二维草绘模式。

(1) 按照如图 3-3 所示绘制 4 条直线，注意绘制图示中心线，并使用对称约束工具将图形关于中心线对称放置。

(2) 按照如图 3-4 所示绘制两个同心圆。

(3) 按照如图 3-5 所示绘制 4 条直线，为了保证对称性，上部的两条直线可以通过镜像方法创建，同时为了保证另外两条切线的准确性，可以使用相切约束工具绘图。

(4) 使用图形分割和截断工具裁去多余线条，保留如图 3-6 所示的截面图。

(5) 单击草绘界面上的 ✔ 按钮退出草绘模式。

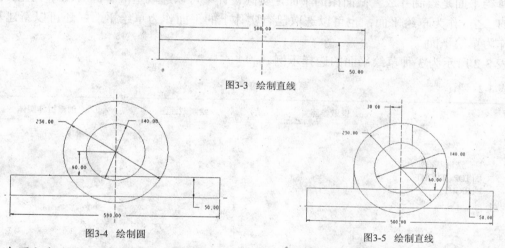

图3-3 绘制直线

图3-4 绘制圆

图3-5 绘制直线

(6) 在图标板上的深度文本框中输入深度参数 "200.00"，其余参数接受默认设置，此时的模型轮廓如图 3-7 所示，其中黄色箭头指示的方向即为模型拉伸方向。

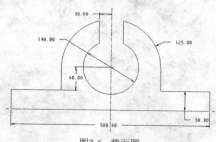

图3-6 截面图

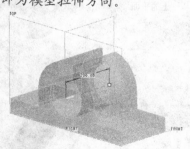

图3-7 预览模型

(7) 单击 ⌐∞ 按钮预览设计结果，确认无误后，单击 ✓ 按钮完成第一个拉伸实体特征的创
建，结果如图 3-8 所示。

图3-8 最后设计结果

任务二 创建一组拉伸实体特征

一、选取草绘平面

草绘平面是绘制并放置截面图的平面，实际设计中可以选取基准平面 TOP、FRONT 或
RIGHT 之一作为草绘平面；也可以选取已有实体上的平面作为草绘平面；还可以新建基准
平面作为草绘平面。

表 3-2 所示为 3 种草绘平面的选择示例。

表 3-2 草绘平面的选取

序号	要点	选取参照	绘制截面图	创建拉伸实体
1	选取基准平面 TOP、FRONT 或 RIGHT			
2	选取实体上的平面			
3	新建基准平面			

单击【草绘】对话框的第一个文本框，使之显示为黄色背景，即为激活状态，如图 3-9 所示。此时选取平面即可作为草绘平面，其名称将记录在其中。如果选取了错误的草绘平面，可以在文本框上单击鼠标右键，然后选择【移除】命令，再重新选取，如图 3-10 所示。

单击 使用先前的 按钮，可以使用创建上一个特征时使用的草绘平面，简化了设计过程。

图3-9　【草绘】对话框

图3-10　【草绘】对话框

二、设置草绘视图方向

指定草绘平面以后，草绘平面边缘会出现一个用来确定草绘视图方向的黄色箭头，用来表示将草绘平面的哪一侧朝向设计者，此即为草绘视图方向。

图 3-11 所示模型有正反两面，正面是平整的，背面有一条十字凹槽。

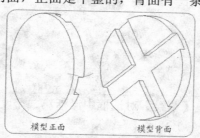

图3-11　实体模型

如果选取平整表面为草绘平面，此时表示草绘视图方向的箭头指向模型背面，放置草绘平面后，将其正面朝向设计者，如图 3-12 所示。

在【草绘】对话框中单击 反向 按钮，标示草绘视图方向的箭头指向模型正面，放置草绘平面后，将其背面朝向设计者，如图 3-13 所示。

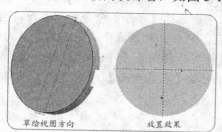

图3-12　放置效果 1

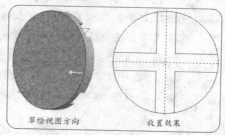

图3-13　放置效果 2

三、设置放置参照

选取草绘平面并设定草绘视图方向后，草绘平面的放置位置并未唯一确定，还必须设置一个用做放置参照的参考平面来准确放置草绘平面。

通常选取与草绘平面垂直的平面作为参考平面。

在选取了满足要求的参考平面以后，在【草绘】对话框的【方向】下拉列表中选择一个方向参数来放置草绘平面。参考平面相对于草绘平面的位置，有以下 4 个选项。

- 【顶】：参考平面位于草绘平面的顶部。
- 【底部】：参考平面位于草绘平面的底部。
- 【左】：参考平面位于草绘平面的左侧。
- 【右】：参考平面位于草绘平面的右侧。

表 3-3 所示为在选取草绘平面和参考平面后，选择不同的方向参照后获得的不同放置效果。注意放置草绘平面后，此时参考平面已经积聚为一条直线。

表 3-3   草绘平面的放置形式

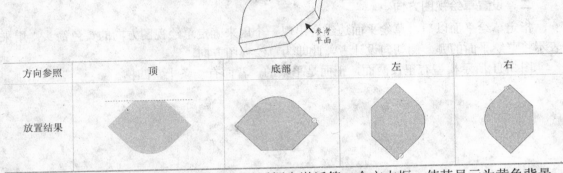

方向参照	顶	底部	左	右
放置结果				

选取参考平面时，首先在【草绘】对话框中激活第二个文本框，使其显示为黄色背景，然后选取符合要求的平面。

选取参考平面后，在底部的下拉列表中选择方向参照。

【步骤解析】

继续前面的练习题目。

1. 创建第二个拉伸实体特征。

(1) 在右工具箱中单击 ⬜ 按钮，打开【基准平面】对话框，如果在【参照】列表框中有内容，则在其上单击鼠标右键，并在弹出的快捷菜单中选择【移除】命令将列表框清空。

(2) 单击激活【参照】列表框，使其背景显示为黄色，然后选取基准平面 FRONT 作为参照平面，此时其上将显示一个黄色箭头，注意该箭头的指向表示平面的偏移方向，如图 3-14 所示。本例中，将基准平面向上偏移，因此在【基准平面】对话框的【平移】文本框中输入平移距离 "-280.00"，如图 3-15 所示。

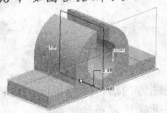

图3-14 选取参照

(3) 在【基准平面】对话框中单击 确定 按钮，将基准平面向上平移 280.00，创建新的基准平面 DTM1，如图 3-16 所示。

图3-15 参数设置

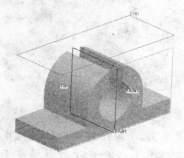

图3-16 新建基准平面

这里先创建基准平面，再打开设计图标板创建第二个特征，基准平面可以随时加入。如果没有合适的草绘平面，可以启动 工具新建一个基准平面作为草绘平面，此时系统自动暂停当前拉伸实体特征的创建。基准平面创建完毕后，单击 ▶ 按钮继续创建实体特征。

(4) 单击 按钮，打开设计图标板，单击 放置 按钮，弹出草绘参数面板，单击 定义 按钮打开【草绘】对话框，选取前一步中新建的基准平面 DTM1 作为草绘平面。

(5) 此时系统显示的草绘视图方向如图 3-17 所示，在【草绘】对话框中单击 反向 按钮调整其指向，如图 3-18 所示，随后进入二维草绘模式。

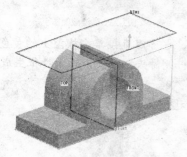

图3-17 草绘视图方向 1

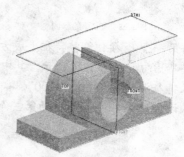

图3-18 草绘视图方向 2

(6) 在草绘平面内绘制如图 3-19 所示的矩形截面图，注意不能忽略其中的细节。

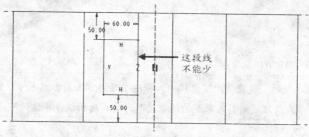

图3-19 草绘截面

(7) 单击图标板上第一个 按钮调整特征生成方向，使之指向已经创建的第一个实体特征，如图 3-20 所示。

(8) 在深度参数面板中单击 按钮，使拉伸特征延伸到下一个曲面为止。

(9) 预览设计结果，确认无误后，最后创建的第二个拉伸实体特征如图 3-21 所示。

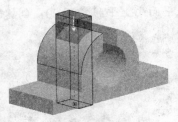

图3-20 特征方向

图3-21 第二个拉伸实体特征

2. 创建第三个拉伸实体特征。

(1) 再次单击 按钮打开设计图标板。

(2) 按照如图 3-22 所示选取草绘平面，接受系统默认的参照设置，进入草绘模式。

(3) 在草绘平面内绘制如图 3-23 所示的截面图。

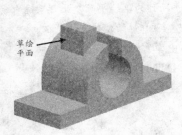

图3-22 选取草绘平面

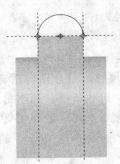

图3-23 草绘截面图

(4) 单击第一个 按钮调整特征生成方向指向实体内部，也可以直接单击模型上的黄色箭头，调整其指向，如图 3-24 所示。其中指向向下的为材料侧箭头，另一个指示特征生成方向。

(5) 输入特征深度数值为 "60.00"。

(6) 确认设计结果，最后创建的第三个拉伸实体特征如图 3-25 所示。

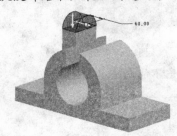

图3-24 设置特征方向

图3-25 第三个拉伸实体特征

在确定该特征参数时，这里使用了直接输入深度参数的方法。当然也可以使用参照。不过使用参照进行设计时，会在特征之间引入很多的约束关系，这在后面镜像操作时可能导致关系更加混乱。

任务三 镜像复制支耳

镜像复制原理：使用镜像复制方法可以快速创建与已有特征完全对称的结构。设计时，先选取复制对象，在右工具箱中单击 按钮后选取平面作为复制参照，如图 3-26 所示。复制后的特征和原特征关于参照镜面对称，如图 3-27 所示。

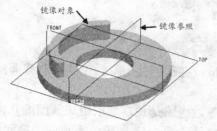

图3-26 选取参照

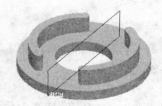

图3-27 镜像结果

实际操作中有时需要对一组特征进行相同的操作，除了在操作时按住 Ctrl 键同时选中这些特征外，还可以将这些特征归并为一个特征组。在模型树窗口中选中一组特征后，在其上单击鼠标右键，在弹出的快捷菜单中选择【组】命令即可创建特征组，如图 3-28 所示。在特征组上单击鼠标右键，在弹出的快捷菜单中选择【分解组】命令即可解散特征组。

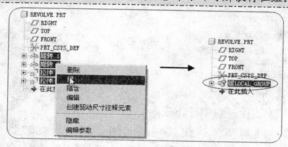

图3-28 创建特征组

【步骤解析】

继续前面的练习题目。

镜像复制支耳。

(1) 按住 Ctrl 键选取前面创建的第二个和第三个拉伸实体特征，在其上单击鼠标右键，然后选择【组】命令，创建模型组。

(2) 选中刚刚创建的模型组为复制对象，然后在右工具箱中单击 按钮。

(3) 选取基准平面 RIGHT 作为复制参照，如图 3-29 所示。

(4) 单击鼠标中键后，复制结果如图 3-30 所示。

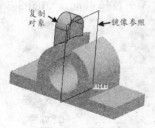

图3-29 选取参照

图3-30 镜像结果

任务四 创建一组拉伸实体特征

一、绘制草绘截面

放置好草绘平面后，系统转入二维草绘设计环境，在这里使用草绘工具绘制截面图。

(1) 草绘闭合截面

大多数设计条件下需要使用闭合截面来创建特征，也就是说，要求组成截面的几何图元首尾相接，自行封闭，但是图中的线条之间不能有交叉，图 3-31 所示为不正确的截面图。

在图 3-31 所示的截面图中使用 和 工具裁去多余线段，即可得到无交叉线的闭合截面，如图 3-32 所示。

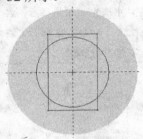

图3-31 绘制截面图1

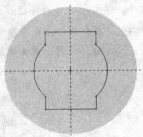

图3-32 绘制截面图2

(2) 草绘曲线与实体边线围成闭合截面

也可以使用草绘曲线和实体边线共同围成闭合截面，此时要求草绘曲线和实体边线对齐。图 3-33 所示的草绘图元未与实体边线对齐，不是闭合截面；图 3-34 所示的草绘图元与实体边线对齐，能够围成闭合截面。

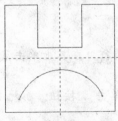

图3-33 绘制截面图3

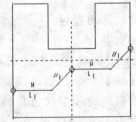

图3-34 绘制截面图4

这种情况下，草绘曲线可以明确将实体表面分为两个部分，并且用一个黄色箭头指示将哪个区域作为草绘截面。单击黄色箭头，可以将另一个区域作为草绘截面，如图 3-35 所示。

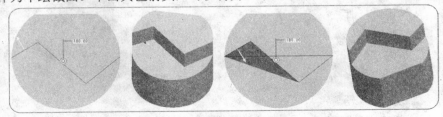

图3-35 使用截面图创建特征

(3) 使用 ▢ 工具

如果草绘曲线不能明确将实体表面分为两个部分，可以使用 ▢ 工具选取需要的实体边线围成截面。依次选择【草绘】/【边】命令或在右工具箱中单击 ▢ 按钮都可以选中相应的设计工具。使用边创建的草绘截面图元具有"~"约束符号。

使用 ▢ 工具创建截面后，还可以使用【修剪】、【分割】和【圆角】等二维草绘命令进一步编辑截面。设计中常使用草绘图元和实体边线共同围成草绘截面，如图 3-36 所示。

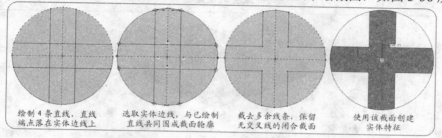

图3-36 使用实体边线围成草绘截面

(4) 使用开放截面

如果创建的特征为加厚草绘特征，这时对截面是否闭合没有明确要求，既可以使用开放截面创建特征，也可以使用闭合截面创建特征，如图 3-37 所示。

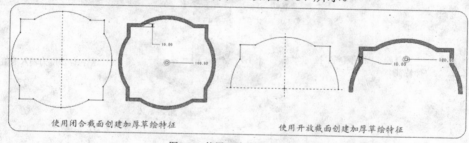

图3-37 使用开放截面创建特征

二、确定特征生成方向

绘制草绘截面后，系统会用一个黄色箭头标示当前特征的生成方向。如果在模型上创建加材料特征，系统设定的特征生成方向通常指向实体外部。在模型上创建减材料特征时，特征生成方向总是指向实体内部。

要改变特征生成方向，在图标板上单击从左至右第一个 ✗ 按钮即可，也可以直接单击表示特征生成方向的黄色箭头。图 3-38 所示为更改特征生成方向的结果。

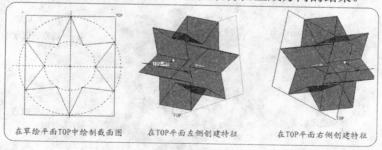

图3-38 更改特征生成方向

三、设置特征深度

通过设定特征的拉伸深度可以确定特征的大小。确定特征深度的方法很多，可以直接输入代表深度尺寸的数值，也可以使用参照进行设计。

在图标板上单击 ⊥ 按钮旁边的 按钮，打开深度工具条，各个图形工具按钮的用法如表3-4所示。

表 3-4　　　　　　　　　　　　　　　　　　特征深度的设置

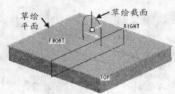

序号	图形按钮	含义	示例图	说明
1		直接输入数值确定特征深度		单击文本框右侧的 按钮，可以从最近设置的深度参数列表中选取数值
2		草绘平面两侧产生拉伸特征		每侧拉伸深度为输入数值的一半
3		拉伸至特征生成方向上的下一个曲面为止		常用于将草绘平面拉伸至形状不规则的曲面
4		特征穿透模型		一般用于创建切减材料特征切透所有材料
5		特征以指定曲面作为参照，拉伸到该曲面		通常选取平面和曲面作为参照
6		拉伸至选定的参照		可以选取点、线、平面或曲面作为参照

【步骤解析】

继续前面的练习题目。

1. 创建第四个拉伸实体特征。

(1) 单击 ⬜ 按钮，打开设计图标板。

(2) 在【草绘】对话框中，单击 使用先前的 按钮，继续使用创建上一个拉伸实体特征所使用的草绘平面来绘制截面图，接受系统默认参照后，进入二维草绘模式。

(3) 在草绘平面使用同心圆工具按钮 ◎，绘制如图 3-39 所示的截面图。

图3-39 草绘截面图

(4) 单击 ⬜ 按钮创建减材料特征。

(5) 单击 ⤢ 按钮调整特征生成方向指向实体内部，如图 3-40 所示。

(6) 在特征深度参数面板上单击 ⋕ 按钮创建穿透实体的特征。

(7) 最后创建的第四个拉伸实体特征如图 3-41 所示。

图3-40 设置特征深度

图3-41 第五个拉伸特征

2. 创建第五个拉伸实体特征。

(1) 单击 ⬜ 按钮，打开设计图标板。

(2) 按照如图 3-42 所示选取草绘平面，接受系统默认参照后，进入二维草绘模式。

(3) 在草绘平面绘制如图 3-43 所示的圆形截面。注意在绘图时使用镜像复制的方法。

图3-42 选取草绘平面

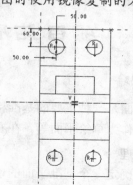

图3-43 绘制截面图

(4) 单击 按钮创建减材料特征。

(5) 单击 ⚟ 按钮调整特征生成方向指向实体内部，如图 3-44 所示。

(6) 在特征深度参数面板上单击 ⧈ 按钮创建穿透实体的特征。

(7) 最终的设计结果如图 3-45 所示。

图3-44 设置特征方向

图3-45 最后创建的特征

 减材料特征是指在模型上切除材料的特征。要创建减材料特征，需要在设计图标板上单击 ◩ 按钮。创建减材料特征时，在草绘截面上通常多出一个黄色箭头，该箭头为材料侧箭头，箭头指向的区域将被切除，如图 3-46 所示。

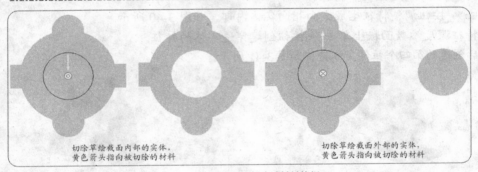

切除草绘截面内部的实体，黄色箭头指向被切除的材料

切除草绘截面外部的实体，黄色箭头指向被切除的材料

图3-46 创建减材料特征

 创建减材料特征时，还要注意调整特征生成方向。因为系统默认的特征为增加材料的特征，因此默认的特征生成方向垂直于草绘截面，并且指向实体外部。当特征生成方向垂直于纸面时，箭头形式将变为 ◎ 和 ⊗，前者表示垂直纸面指向外侧，后者表示垂直纸面指向里侧。

项目拓展——创建基准平面

基础知识

基准平面是一种重要的基准特征，在进行三维建模时，常常需要新建基准平面作为设计参照，例如作为草绘平面等。在右工具箱上单击 ⬜ 按钮即可启动基准平面创建工具。

设计原理

要准确确定一个基准平面的位置，必须指定必要的设计参照和约束条件，表 3-5 所示为创建基准平面时通常使用的约束及参照。

表 3-5　　　　　　　　　　　　　基准平面的参照和约束

约束条件	约束条件的用法	与之搭配的参照条件
穿过	基准平面通过选定参照	轴、边、曲线、点/顶点、平面及圆柱
法向	基准平面与选定参照垂直	轴、边、曲线及平面
平行	基准平面与选定参照平行	平面
偏移	基准平面由选定参照偏移生成	平面、坐标系
相切	基准平面与选定参照相切	圆柱

【步骤解析】

1. 打开教学资源文件 "\项目 3\素材\datum.prt"，结果如图 3-47 所示。

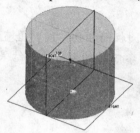

图3-47　打开的模型

2. 创建第一个基准平面。

(1) 在右工具箱上单击 □ 按钮，打开【基准平面】对话框。

(2) 在模型上（或在模型树窗口中）选取轴线 A-2，此时在【基准平面】对话框的【参照】列表框中将新增【A-2（轴）: F5（拉伸）】项目，单击选中该选项，在项目右侧弹出该参照的可用约束条件下拉列表，对于轴 A-2，可供选用的约束有【穿过】和【法向】两项，这里选择【穿过】命令，如图 3-48 所示。

(3) 按住 Ctrl 键，在模型上（或在模型树窗口中）选取基准平面 FRONT，在【参照】列表框中将新增【FRONT: F3（基准平面）】项目，在选项右侧约束条件下拉列表中选择【偏移】命令，在对话框下部的【旋转】文本框中输入旋转角度 "45.00"。

(4) 单击 确定 按钮，创建的基准平面 DTM1 如图 3-49 所示。

图3-48　参照设置 1

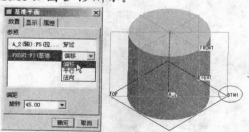

图3-49　参照设置 2 及结果

3. 创建第二个基准平面。

(1) 在右工具箱上单击 □ 按钮，打开【基准平面】对话框。

(2) 单击圆柱体的右半部，在【参照】列表框中选择该项目【曲面: F5（拉伸-1）】，在右侧的约束下拉列表中选择【相切】约束条件，如图 3-50 所示。

(3) 按住 Ctrl 键，选取刚刚创建的基准平面 DTM1，在【参照】列表框中选择该项目【DTM1: F6（基准平面）】，在右侧的约束下拉列表中选择【平行】约束条件，如图 3-51 所示。

(4) 单击 确定 按钮后，创建的基准平面 DTM2 如图 3-52 所示。

图3-50 参照设置1

图3-51 参照设置2

4. 使用同样的方法可以创建与圆柱面相切，同时垂直于 DTM1 的基准平面 DTM3，此时选择【法向】命令为 DTM1 参照的约束条件，结果如图 3-53 所示。

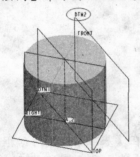

图3-52 基准平面 DTM2

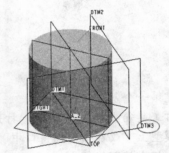

图3-53 基准平面 DTM3

实训——迷你计算机音箱设计

本次训练创建的音箱模型主要使用了拉伸工具，其中草绘平面的设置及特征深度的设置是重点，注意方法的多样性，设计结果如图 3-54 所示。

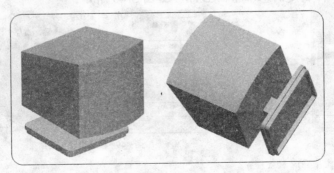

图3-54 音箱模型

音箱模型的设计思路如图 3-55 所示。

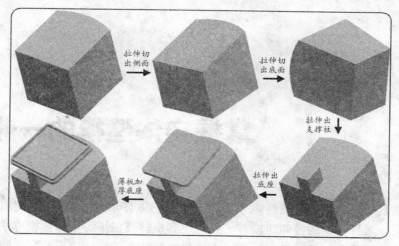

图3-55 音箱模型的设计思路

项目小结

实体特征包括基础实体特征和工程特征两种类型。基础实体特征是工程特征的载体，同时，基础实体特征的建模原理与工程特征和曲面特征有很大的相似性，深刻理解基础实体特征的创建原理有利于迅速掌握后两种特征的创建方法。

基础实体特征按照创建原理不同可以划分为拉伸、旋转、扫描和混合4种类型，其中拉伸实体建模方法既是基础又是重点，其主要操作包括设置草绘平面、绘制草绘截面图、设置特征生成方向，以及确定特征深度等主要步骤。请读者结合操作案例深刻领会实体建模的基本原理并熟练掌握拉伸建模的一般技巧。

思考与练习

1. 动手模拟创建本项目中介绍的模型。
2. 使用实体建模方法创建如图 3-56 所示的实体模型。
3. 使用实体建模方法创建如图 3-57 所示的实体模型。

图3-56 实体模型

图3-57 实体模型2

项目四

掌握实体建模的一般过程

实体模型具质量、重心及惯性矩等物理属性，在其上可以方便地进行材料切割、穿孔等操作。除了上一项目介绍的拉伸建模方法外，还有旋转及扫描等实体建模方法，同时还可以在模型上创建具有确定形状的工程特征。本项目将继续介绍实体建模的基本知识，最后创建的实体模型从整体上看为一个具有内腔的壳体结构，如图4-1所示。

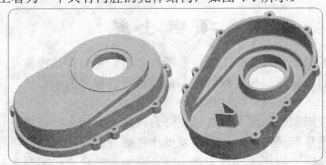

图4-1 最后创建的模型

从建模过程来看，首先创建基础模型，然后在其上添加拔模特征和工程特征倒圆角特征，最后创建壳结构，然后在其上添加一组拉伸特征。整个建模原理如图4-2所示。

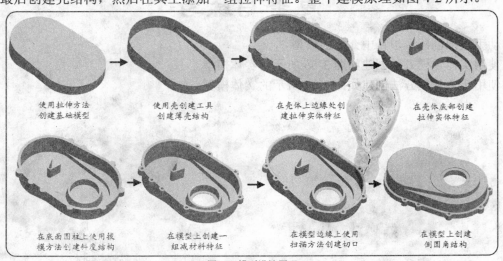

图4-2 模型设计原理

学习目标

- 明确旋转、扫描和混合建模原理。
- 理解基础实体特征和工程特征的特点和用途。
- 掌握倒圆角特征、拔模特征及壳特征的创建原理。
- 明确创建复杂三维模型的基本技巧。

任务一 创建基础实体特征

基础知识

根据特征建模原理的不同，通常将实体特征分为基础实体特征和工程特征两种类型。基础实体特征主要从建模原理上分类，具体设计方法有拉伸、旋转、扫描及混合等方法。

工程特征是一种形状和用途比较确定的特征，使用同一种设计工具创建的一组特征在外形上都是相似的。大多数工程特征并不能够单独存在，必须附着在其他特征之上，这也是工程特征和基础实体特征的典型区别。例如孔特征需要切掉已有特征上的实体材料，倒圆角特征需要放置在已有特征的边线或顶点处。因此使用 Pro/E 进行三维建模时，通常首先创建基础实体特征，然后在其上依次添加各类工程特征，直到最后生成满意的模型。

【步骤解析】

1. 新建零件文件。

   新建名称为"Engine casing"的零件文件，使用默认设计模板进入三维建模环境。

2. 创建拉伸特征（1）。

(1) 单击 🖫 按钮启动拉伸设计工具。

(2) 在设计界面空白处长按鼠标右键，选择快捷菜单中的【定义内部草绘】命令。

(3) 选取 TOP 面作为草绘平面，单击鼠标中键确定。

(4) 绘制如图 4-3 所示的草绘截面，随后退出草绘环境。

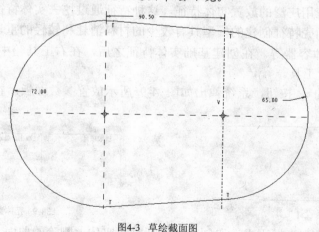

图4-3 草绘截面图

(5) 设置拉伸深度值为 27。

(6) 单击鼠标中键创建拉伸特征，结果如图 4-4 所示。

3. 创建拉伸特征（2）。

(1) 单击 按钮，启动拉伸设计工具。

(2) 选取如图 4-5 所示的曲面作为草绘平面，单击鼠标中键确定。

图4-4 最后创建的基础模型

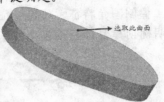

图4-5 选取草绘平面

(3) 绘制如图 4-6 所示的草绘截面，随后退出草绘环境。

(4) 设置拉伸深度值为 12。

(5) 单击鼠标中键创建拉伸特征，结果如图 4-7 所示。

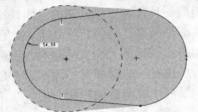

图4-6 绘制截面图

图4-7 最后创建的特征

任务二 创建壳特征

 基础知识

一、壳特征设计原理

壳特征是一种应用广泛的放置实体特征，这种特征通过挖去实体特征的内部材料，获得均匀的薄壁结构。由壳特征创建的模型具有较少的材料消耗和较轻的重量，常用于创建各种薄壳结构和各种壳体容器等。在创建基础实体特征之后，在右工具箱中单击 按钮，打开如图 4-8 所示的设计工具。

单击图标板上的 参照 按钮，系统弹出如图 4-9 所示放置参数面板。在该参数面板中包含两项参数设置。

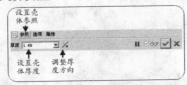

图4-8 设计工具

图4-9 壳体参照

【移除的曲面】列表框用来选取创建壳特征时在实体上删除的曲面。如果未选取任何曲面，则会将零件的内部掏空创建一个封闭壳，且空心部分没有入口。激活该列表框后，可以在实体表面选取一个或多个移除曲面，如果需要选取多个实体表面作为移除表面，则应该按住 Ctrl 键。图 4-10 所示为各种移除曲面的示例。

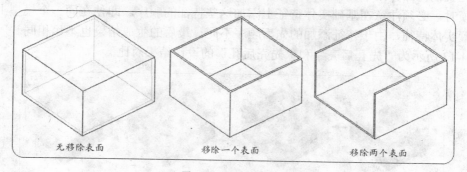

无移除表面　　　　　移除一个表面　　　　　移除两个表面

图4-10　选取移除的曲面

【非缺省厚度】列表框用于选取要为其指定不同厚度的曲面，然后分别为这些曲面单独指定厚度值，如图 4-11 所示。其余曲面将统一使用默认厚度，默认厚度值在图标板上的厚度文本框中设定。在图 4-9 所示的面板中激活【非缺省厚度】列表框后，选取需要设置非默认厚度的表面并依次为其设置厚度即可。选择多个曲面时需要按住 Ctrl 键。

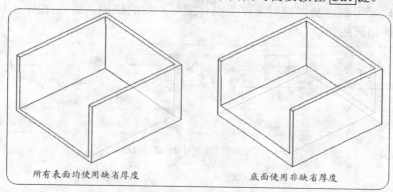

所有表面均使用缺省厚度　　　　　底面使用非缺省厚度

图4-11　设置非缺省厚度

在图标板上【厚度】文本框中为壳特征输入默认厚度值。

单击文本框旁边的 ⚄ 按钮，调整厚度方向。默认情况下，将在模型上保留指定厚度的材料，然后将其余材料掏空，单击 ⚄ 按钮，将把整个模型对应的实体材料掏空，然后在外围添加指定厚度的材料，如图 4-12 所示。

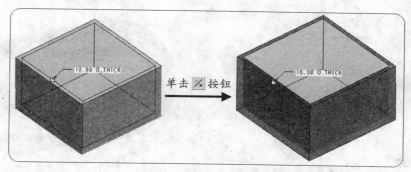

单击 ⚄ 按钮

图4-12　设置默认厚度

二、特征创建顺序对设计的影响

至此我们已经介绍了孔特征、倒圆角特征、拔模特征及壳特征等多种放置实体特征，在三维建模时，必须注意在基础实体特征上添加这些特征的顺序。即使在同一个模型上添加同一组放置实体特征，由于特征添加的先后顺序不同，最后的生成结果也不尽相同。

图 4-13 所示为"先孔后壳"和"先壳后孔"的设计结果对比。

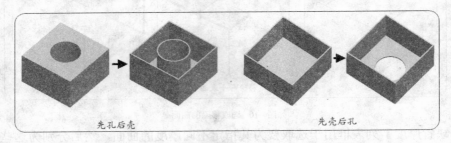

图4-13 特征创建顺序对设计结果的影响 1

此外，不同的特征创建顺序对模型的最终质量也有较大影响，不合理的特征创建顺序可能会在最后模型上留下潜在的设计缺陷。一般来说，壳体特征应该安排在倒圆角特征和拔模特征等之后创建，否则容易在模型上产生壳体壁厚不均的缺陷。请对比图 4-14 中不同特征创建顺序对设计结果的影响。

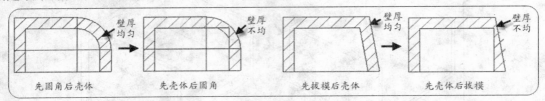

图4-14 特征创建顺序对设计结果的影响 2

【步骤解析】

1. 创建壳特征。
2. 单击 回 按钮启动壳设计工具。
3. 选取图 4-15 所示曲面为去除材料的表面。
4. 设置壳的厚度为 1。
5. 单击鼠标中键创建壳特征，结果如图 4-16 所示。

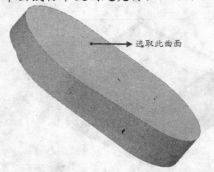

图4-15 选取去除材料的表面

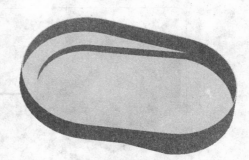

图4-16 最后创建的壳体

任务三 创建拔模特征

拔模特征是一种在模型表面引入的结构斜度，用于将实体模型上的圆柱面或平面转换为斜面，这类似于铸件上为方便起模而添加拔模斜度后的表面。

（1）设计工具

在创建基础实体特征以后，在右工具箱中单击 按钮，打开图 4-17 所示的拔模设计图标板，设置图标板上的参数，创建拔模特征。

图4-17 拔模工具

图 4-18 所示为拔模原理示意图。

启动拔模工具后，在图标板顶部单击 参照 按钮，打开图 4-19 所示的上滑参数面板，在这里设置 3 个参数，确定拔模参照。

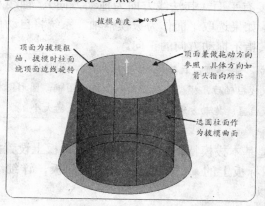

图4-18 拔模原理示意图

图4-19 参数面板

（2）选择拔模曲面

激活【拔模曲面】列表框选取拔模曲面。选取曲面作为拔模曲面，如果需要同时在多个曲面上创建拔模特征，可以按住 Ctrl 键并依次选取其他拔模曲面，如图 4-20 所示。

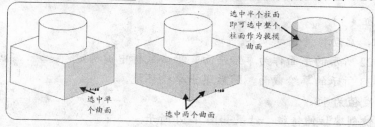

图4-20 选择拔模曲面

(3) 确定拔模枢轴

选取拔模曲面后，在图 4-19 所示的参照面板中激活【拔模枢轴】列表框来选取拔模枢轴，如图 4-21 所示，选取实体边线或平面作为拔模枢轴。

拔模枢轴用来确定拔模时拔模曲面转动的轴线。如果选取平面作为拔模枢轴，此时该平面（或平面延展后）与拔模曲面的交线即是拔模曲面转动的轴线，如图 4-21 所示。

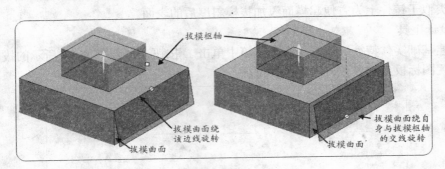

图4-21 确定拔模枢轴

(4) 确定拖动方向

激活图 4-19 所示拔模参照面板的【拖动方向】列表框，选取适当的平面、边线或轴线参照来确定拖动方向，单击列表框右侧的 反向 按钮，调整拖动方向的指向。

能够充当拖动方向参照的对象主要有平面（其法线方向为拖动方向）、轴线及指定的坐标轴等。平面的法线方向为拖动方向。如果选取平面作为拔模枢轴，系统将自动使用该平面来确定拖动方向，并使用一个黄色箭头指示拖动方向的正向。

> 单击【拖动方向】列表框后的 ⚹ 按钮可以反转拖动方向的指向，间接地确定了拔模特征的加材料或切减材料属性。确定拔模枢轴后，模型上将显示两个拖动图柄：圆形图柄位于拔模枢轴或拔模曲面轮廓上，标示拔模位置；拖动方形图柄可以调整拔模角的大小。

(5) 设置拔模角度

在正确设置拔模参照后，如果创建基本拔模特征，可以直接在图标板上设置拔模角度，如果创建可变拔模特征，需要单击图标板上的 角度 按钮，打开参数面板，详细编辑拔模角度。具体设计过程与创建可变圆角类似。

> 注意拔模角度的取值范围为-30°~30°，不要超出该数值范围。此外，单击图标板上拔模角度列表框右侧的 ⚹ 按钮可以反转拔模角度，其实际效果与单击拔模枢轴列表框右侧的 ⚹ 按钮来反转拖动方向类似，主要用于改变拔模特征的加材料或切减材料属性。

【步骤解析】

1. 创建拉伸特征（3）。
(1) 单击 ⬚ 按钮，启动拉伸设计工具。
(2) 选取如图 4-22 所示的平面作为草绘平面，单击鼠标中键确定。
(3) 绘制如图 4-23 所示的草绘截面，随后退出草绘环境。
(4) 设置拉伸深度值为 15。
(5) 单击鼠标中键创建拉伸特征，结果如图 4-24 所示。

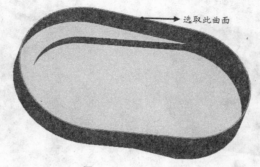

图4-22 选取草绘平面

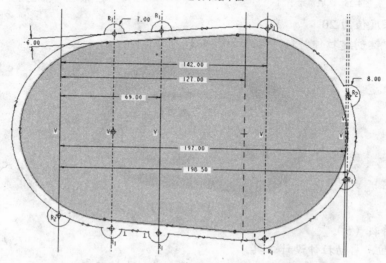

图4-23 绘制截面图

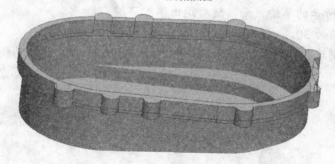

图4-24 最后创建的特征

 在选取曲面作为草绘平面时，可以将命令帮助区中的【智能】切换为【几何】状态。此操作有利于选取所需要的曲面。

单击 按钮选取机壳的内壁曲线。

2. 创建拉伸特征（4）。

(1) 单击 按钮，启动拉伸设计工具。

(2) 选取如图 4-25 所示的曲面作为草绘平面，单击鼠标中键确定。

(3) 绘制如图 4-26 所示的草绘截面，随后退出草绘环境。

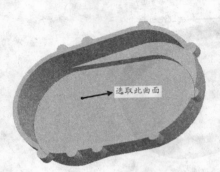

图4-25 选取草绘平面

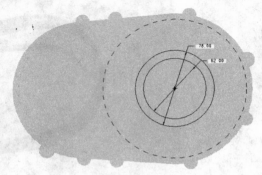

图4-26 绘制截面图

(4) 设置拉伸深度值为 20。

(5) 单击鼠标中键创建拉伸特征，结果如图 4-27 所示。

图4-27 最后创建的特征

3. 创建拉伸特征（5）。

(1) 单击 ⬚ 按钮，启动拉伸设计工具。

(2) 选取如图 4-25 所示的曲面作为草绘平面，单击鼠标中键确定。

(3) 绘制如图 4-28 所示的草绘截面，随后退出草绘环境。

(4) 设置拉伸深度值为 30。

(5) 单击鼠标中键创建拉伸特征，结果如图 4-29 所示。

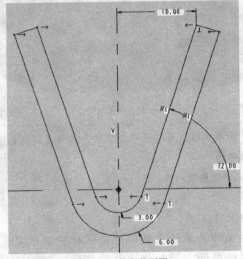

图4-28 绘制截面图

图4-29 最后创建的特征

4. 创建斜度特征。

(1) 单击 按钮，启动斜度设计工具。

(2) 选取如图 4-30 所示的面为拔模面。

(3) 单击操作面板上如图 4-31 所示的区域。

(4) 选取如图 4-32 所示的面为拔模枢轴。

(5) 设置拔模角度为 10。

(6) 单击 ⤢ 按钮，调节拔模方向，结果如图 4-33 所示。

(7) 单击鼠标中键创建拔模特征，结果如图 4-34 所示。

选取拔模面时，应按住 Ctrl 键依次选取半个圆柱面，才能出现如图 4-16 所示的情况。

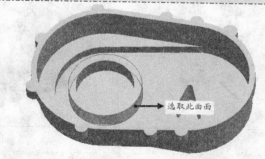

选取此曲面

图4-30 选取拔模曲面

• 单击此处添加项目 • 单击此处添加项目

图4-31 设计图标板

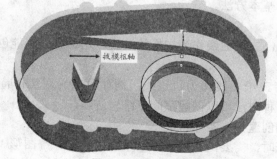

拔模枢轴

图4-32 选取拔模枢轴

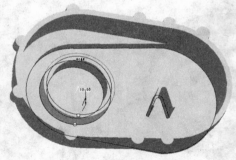

图4-33 确定拔模方向

图4-34 最后创建的结果

任务四 创建扫描实体特征

一、扫描建模原理

将拉伸实体特征的创建原理进一步推广，将草绘截面沿任意路径（扫描轨迹线）扫描可以创建一种形式更加多样的实体特征，这就是扫描实体特征。

扫描轨迹线和扫描截面是扫描实体特征的两个基本要素，在最后创建的模型上，特征的横断面和扫描截面对应，特征的外轮廓线与扫描轨迹线对应，如图 4-35 所示。

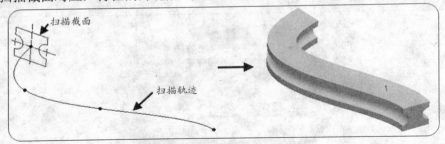

图4-35 扫描建模原理

从建模原理上说，拉伸实体特征和旋转实体特征都是扫描实体特征的特例，拉伸实体特征是将截面沿直线扫描，旋转实体特征是将截面沿圆周扫描。

依次选择【插入】/【扫描】/【伸出项】命令，系统弹出【扫描轨迹】菜单，该菜单提供了两种生成扫描轨迹的基本方法。

(1) 草绘轨迹

在二维草绘平面内绘制二维曲线作为扫描轨迹线。这种方法只能创建二维轨迹线。

(2) 选取轨迹

选取已有的二维或者三维曲线作为轨迹线，例如可以选取实体特征的边线或基准曲线作为扫描轨迹线。这种方法可以创建空间三维轨迹线。

二、草绘扫描轨迹线创建扫描实体特征

在创建扫描实体特征时，需要两次进入草绘平面内绘制二维图形。第一次是创建扫描轨迹线，第二次是绘制草绘截面图。

（1）设置草绘平面。

在【扫描轨迹】菜单选择【草绘轨迹】命令后，将弹出【设置草绘平面】菜单，按照系统提示选取草绘平面，具体用法与创建拉伸实体特征时类似。

（2）设置草绘视图方向

选取草绘平面后，系统弹出【方向】菜单。确定草绘视图的方向，系统在草绘平面上使用一个红色箭头标示默认的草绘视图方向。如果要调整草绘视图方向，在【方向】菜单中选择【反向】命令即可。

（3）设置参考平面

设置完草绘视图方向后，系统弹出【草绘视图】菜单，在菜单下部的【设置平面】子菜单中可以选取基准平面、实体表面或新建临时基准平面作为参考平面，然后在【草绘视图】菜单中为该参考平面选择合理的方向参照：顶、底部、右或左。

（4）设置属性参数

在一个已有实体上创建扫描实体特征时，如果扫描轨迹线为开放曲线，根据扫描实体特征和其他特征在相交处连接的方式不同，可以为扫描特征设置不同的属性。

- 合并终点：新建扫描实体特征和另一实体特征相接后，两实体自然融合，光滑连接，形成一个整体，如图4-36所示。
- 自由端点：新建扫描实体特征和另一实体特征相接后，两实体保持自然状态，互不融合，如图4-37所示。

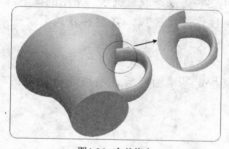

图4-36 合并终点

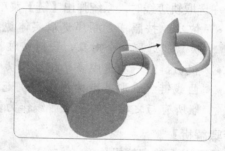

图4-37 自由端点

如果扫描轨迹线为闭合曲线，则具有以下两种属性。

- 增加内部因素：草绘截面沿轨迹线扫描产生实体特征后，自动补足上下表面，形成闭合结构。此时要求使用开放型截面，如图4-38所示。
- 无内部因素：草绘截面沿轨迹线扫描产生实体特征后，不会补足上下表面。这时要求使用封闭型截面，如图4-39所示。

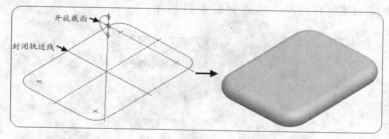

图4-38 增加内部因素

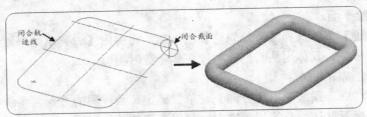

图4-39　无内部因素

三、选取轨迹线创建扫描实体特征

另一种创建扫描实体特征的方法是选取已经创建的基准曲线或实体边线作为扫描轨迹线，这样创建的扫描特征更为复杂。

图 4-40 所示为选取已经创建完成的空间曲线作为轨迹线来创建扫描实体特征。

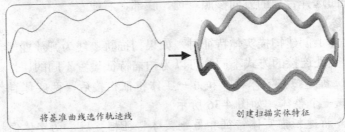

图4-40　选取轨迹线创建扫描实体特征

在选取轨迹线时，系统弹出【链】菜单，可以使用多种方法选取轨迹线，常用的如下。

- 依次：按照任意顺序选取实体边线或基准曲线作为轨迹线。在这种方式下，一次只能选取一个对象，同时按住 Ctrl 键可以一次选取多个对象。
- 相切链：一次选中多个相互相切的边线或基准曲线作为轨迹线。
- 曲线链：选取基准曲线作为轨迹线。当选取指定基准曲线后，系统还会自动选取所有与之相切的基准曲线作为轨迹线。

【步骤解析】

继续上面的案例操作。

1.　创建拉伸特征（6）。

(1)　单击 按钮，启动拉伸设计工具。

(2)　选取如图 4-41 所示的曲面作为草绘平面，单击鼠标中键确定。

(3)　绘制如图 4-42 所示的草绘截面，随后退出草绘环境。

(4)　设置拉伸深度值为 2。

(5)　单击鼠标中键创建拉伸特征，结果如图 4-43 所示。

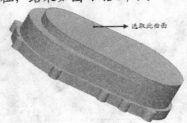

图4-41　选取草绘平面

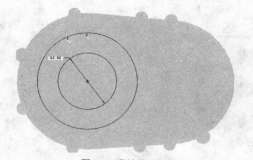

图4-42 草绘截面图

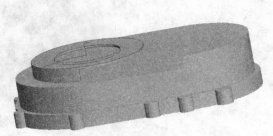

图4-43 最后创建的模型

2. 创建拉伸剪切特征（1）。

(1) 单击 按钮，启动拉伸设计工具。

(2) 选取如图 4-44 所示的曲面作为草绘平面，单击鼠标中键，进入草绘模式。

(3) 绘制如图 4-45 所示的草绘截面，随后退出草绘环境。

图4-44 选取草绘平面

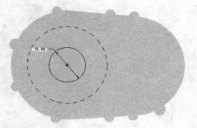

图4-45 绘制截面图

(4) 设置拉伸剪切特征参数如图 4-46 所示，调整拉伸方向指向模型内部。

(5) 单击鼠标中键创建拉伸特征，结果如图 4-47 所示。

图4-46 设置特征参数

图4-47 最后创建的特征

3. 创建拉伸剪切特征（2）。

(1) 单击 按钮，启动拉伸设计工具。

(2) 选取如图 4-48 所示的曲面作为草绘平面，单击鼠标中键确定。

(3) 绘制如图 4-49 所示的草绘截面，随后退出草绘环境。

(4) 设置拉伸剪切特征参数如图 4-50 所示。

(5) 单击鼠标中键创建拉伸特征，结果如图 4-51 所示。

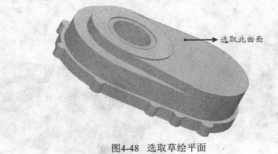

图4-48 选取草绘平面

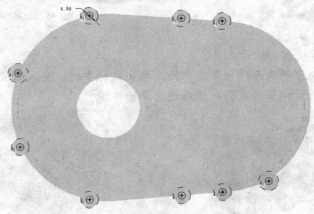

图4-49 绘制截面图

图4-50 设置特征参数

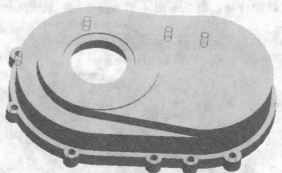

图4-51 最后创建的特征

4. 创建扫描特征。

(1) 选择【插入】/【扫描】/【切口】命令。

(2) 在弹出的【扫描轨迹】菜单中选择【草绘轨迹】命令。

(3) 选取如图 4-52 所示的曲面作为草绘平面。

(4) 在弹出的菜单中依次选择【正向】/【缺省】命令。

(5) 绘制如图 4-53 所示的扫描轨迹，随后退出草绘环境。

(6) 选择【无内部因素】/【完成】命令。

(7) 绘制如图 4-54 所示的扫描截面，随后退出草绘环境。

图4-52 选取草绘平面

(8) 在系统弹出的菜单中选择【正向】命令。

(9) 单击鼠标中键创建扫描特征，结果如图 4-55 所示。

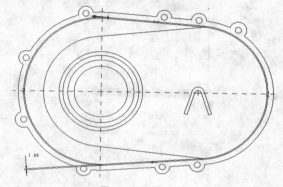

图4-53 绘制轨迹线

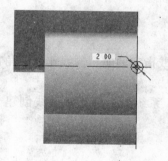

图4-54 绘制截面图

图4-55 最后创建的特征

任务五 创建倒圆角特征

倒圆角特征设计原理

使用圆角代替零件上的棱边可以使模型表面的过渡更加光滑、自然，增加产品造型的美感。在模型上创建圆角结构可以通过创建倒圆角特征来实现。

在创建基础实体特征之后，在右工具箱中单击 按钮，启动圆角设计工具。在图标板

Pro/ENGINEER 中文野火版 4.0 项目教程

上单击 设置 按钮，打开上滑参数面板，在这里详细设计倒圆角特征的基本参数。

 如果仅仅创建较简单的圆角，只需选中放置倒圆角特征的边线（被选中的边线将用红色加亮显示），然后在图标板上的文本框中输入圆角大小即可。如果需要在多个边线处创建圆角，在选取边线时按住 Ctrl 键，所有边线处将放置相同半径的圆角。

(1) 创建倒圆角集

一个倒圆角特征由一个或多个倒圆角集组成，因此创建倒圆角特征的第 1 步工作就是创建第 1 个倒圆角集，在圆角参数面板左上角为倒圆角集列表，其中【设置 1】即为第 1 个倒圆角集，如图 4-56 所示。单击【新组】选项可以创建一个新的倒圆角集。

在选定的圆角集上单击鼠标右键，在弹出的快捷菜单中选择【添加】命令也可以创建新的倒圆角集，选择【删除】命令可以删除选定的倒圆角集。

图4-56 参数面板

(2) 指定圆角放置参照

设置了圆角形状参数后，接下来在模型上选取边线或指定曲面、曲线作为圆角特征的放置参照。这里首先介绍选取边线作为圆角放置参照的方法。

在选取实体上的边线时，如果每次选取一条边线，系统会为每一条边线创建一个圆角集，如图 4-57 所示。

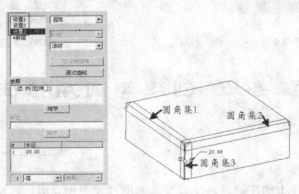

图4-57 参照设置 1

如果在选取边线的同时按住 Ctrl 键，则将选取的所有边线作为一个圆角集的放置参照，并为这些边线处的圆角设置相同的圆角参数，如图 4-58 所示。

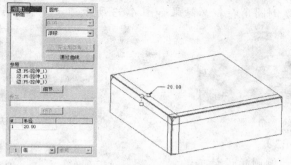

图4-58　参照设置2

（3）使用相切链

如果模型上存在各边线首尾顺序相切的边链，还可以一次选中整个边链作为圆角的放置参照。任意选取相切链的一条边线，即可选中整个边链来放置圆角特征，如图 4-59 所示。

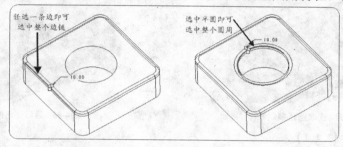

图4-59　参照设置3

【步骤解析】

继续上面的案例操作。

1.　创建倒圆角特征（1）。

（1）单击 按钮，启动倒圆角设计工具。

（2）按住 Ctrl 键依次选取如图 4-60 所示的边。

（3）设置倒圆角特征参数为1。

（4）单击鼠标中键创建倒圆角特征，结果如图 4-61 所示。

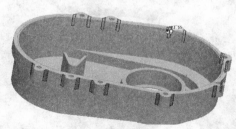
图4-60　选取圆角参照

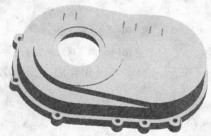
图4-61　最后创建的特征

2.　创建倒圆角特征（2）。

（1）单击 按钮，启动倒圆角设计工具。

（2）按住 Ctrl 键依次选取如图 4-62 所示的边。

(3) 设置倒圆角特征参数为 0.5。

(4) 单击鼠标中键创建倒圆角特征，结果如图 4-63 所示。

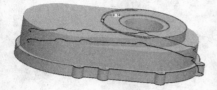

图4-62 选取圆角参照

图4-63 最后创建的特征

3. 创建倒圆角特征（3）。

(1) 单击 按钮，启动倒圆角设计工具。

(2) 按住 Ctrl 键依次选取如图 4-64 所示的边。

(3) 设置倒圆角特征参数为 1。

(4) 单击鼠标中键创建倒圆角特征，结果如图 4-65 所示。

图4-64 选取圆角参照

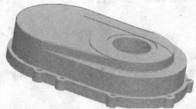

图4-65 最后创建的特征

4. 创建倒圆角特征（4）。

(1) 单击 按钮，启动倒圆角设计工具。

(2) 按住 Ctrl 键选取如图 4-66 所示的边。

(3) 设置倒圆角特征参数为 3。

(4) 单击鼠标中键创建倒圆角特征，结果如图 4-67 所示。

图4-66 选取圆角参照

图4-67 最后创建的特征

至此，本实例操作完成，最后效果如图 4-68 所示。

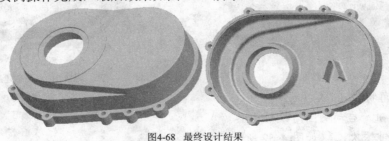

图4-68 最终设计结果

实训

综合使用学过的各种特征建模方法创建如图 4-69 所示的墨水瓶模型。注意总结特征建模的基本方法和技巧，该模型的基本设计思路如图 4-70 所示。

图4-69　墨水瓶模型

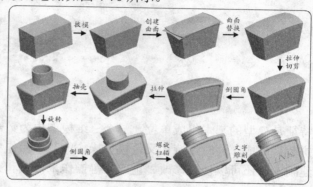

图4-70　模型设计原理

项目小结

本例综合介绍了使用基础实体特征和工程特征创建三维实体模型的基本方法和技巧。帮助读者深化对三维建模基本知识的理解，并注意总结实体建模中的基本规律。在创建基础实体特征时，草绘平面的选取和放置、草绘截面的绘制，以及详细参数的设置等都会因特征的特点不同而有所差异。

思考与练习

1. 动手模拟创建本项目中介绍的模型。
2. 使用实体建模方法创建如图 4-71 所示的实体模型。
3. 使用实体建模方法创建如图 4-72 所示的实体模型。

图4-71　实体模型 1

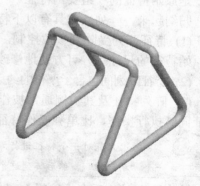

图4-72　实体模型 2

项目五

熟悉特征的基本操作

特征是模型的基本组成单位，一个三维模型由为数众多的特征按照设计顺序以搭积木方式"拼装"而成。同时，特征又是模型操作的基本操作单位，可以使用阵列、复制等方法为其创建副本，还可以使用修改、重定义等操作来修改和完善设计中的缺陷。

 学习目标

- 掌握特征阵列的基本方法与技巧。
- 掌握特征复制的基本方法与技巧。
- 明确特征的各种常用操作及其应用。

任务一　掌握特征阵列的方法和技巧

基础知识

一、阵列的特点和设计工具

通过阵列的方法可以轻松创建选定特征的多个实例，大大提高设计效率。在进行阵列之前，首先创建一个阵列对象，我们称之为原始特征。然后根据原始特征创建一组副本特征，也就是原始特征的一组实例特征。

归纳起来，阵列操作具有以下特点。

(1) 特征阵列受阵列参数控制，通过改变阵列参数（如实例总数、实例之间的间距及原始特征的尺寸等）可方便地修改阵列结果。

(2) 特征阵列间包含了严格的约束关系，修改原始特征后，系统自动更新整个阵列。

(3) 阵列特征及其实例通常被作为一个整体进行操作，对包含在一个阵列中的多个特征同时执行操作，比单独操作特征更为方便和高效。

> 提示　每次只能对一个特征进行阵列操作。如果要同时阵列多个特征，可以先使用这些特征创建一个"局部组"，然后阵列这个组。

选中阵列对象后在【编辑】菜单中选择【阵列】命令或在右工具箱中单击 按钮都可以打开如图 5-1 所示的设计图标板。

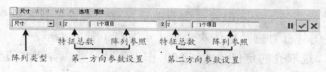

图5-1　设计图标板

二、阵列方法分类

阵列方法形式多样，根据设计参照及操作过程的不同，系统提供了尺寸阵列、方向阵列、轴阵列、表阵列、参照阵列和填充阵列等6种类型，介绍如下。

- 尺寸阵列：使用驱动尺寸并指定阵列尺寸增量来创建特征阵列。根据需要创建一维特征阵列和二维特征阵列，是最常用的特征阵列方式。
- 方向阵列：通过指定方向参照来创建线性阵列。
- 轴阵列：通过指定轴参照来创建旋转阵列或螺旋阵列。
- 表阵列：编辑阵列表，在阵列表中为每一阵列实例指定尺寸值来创建阵列。
- 参照阵列：参照一个已有的阵列来阵列选定的特征。
- 填充阵列：用实例特征使用特定格式创建阵列来填充选定区域。
- 曲线阵列：按照选定的曲线排列阵列特征。

三、阵列设计原理

下面以尺寸阵列为例说明阵列设计原理。尺寸阵列主要选取特征上的尺寸作为阵列设计的基本参数。在创建尺寸特征之前，首先需要创建基础实体特征及原始特征。

(1) 确定驱动尺寸

在创建尺寸阵列时，必须从原始特征上选取一个或多个定形或定位尺寸作为驱动尺寸。驱动尺寸主要用于确定实例特征的生成方向。选定原始特征的某一个定位尺寸作为驱动尺寸后，将以该尺寸的标注参照为基准，沿尺寸标注的方向创建实例特征，如图 5-2 所示。

在选取驱动尺寸后，要注意根据驱动尺寸的标注参照来确定实例特征生成方向。阵列实例特征的生成方向总是从标注参照开始沿着尺寸标注的方向，如图 5-3 所示。

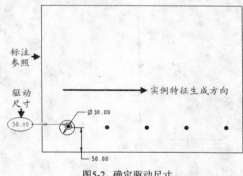

图5-2　确定驱动尺寸　　　　　　　　　　　　　图5-3　阵列结果

(2) 确定尺寸增量

选取了阵列驱动尺寸后，接下来需要在此基础上进一步确定阵列尺寸增量，根据驱动尺寸类型的不同，尺寸增量主要有以下两种用途。

- 如果选取原始特征上的定位尺寸作为驱动尺寸，可以通过尺寸增量指明在该尺寸方向上各实例特征之间的间距。

● 如果选取原始特征上的定形尺寸作为驱动尺寸，可以通过尺寸增量指明在阵列方向上各实例特征对应尺寸依次增加（或减小）量的大小。

如图 5-4 所示，选取孔的定位尺寸 50.00 作为驱动尺寸，并为其设置尺寸增量 90.00，则生成的实例特征相互之间的中心距为 90.00；继续选取定形尺寸 50.00 作为另一个驱动尺寸，并为其设置尺寸增量 10.00，生成的各实例特征的直径将依次增加 10.00。

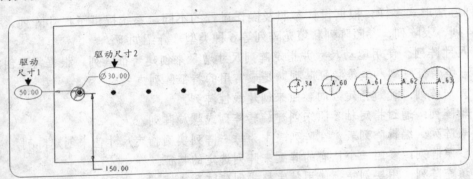

图5-4 阵列设计实例

（3）确定阵列特征总数

最后确定在每一个阵列方向上需要创建的特征总数。这里需要注意的是，阵列特征总数包含原始特征在内。

【案例5-1】 创建各类特征阵列。

1. 创建尺寸阵列。

（1）打开教学资源文件 "\项目 5\素材\array1.prt"。

（2）选中模型上的孔，然后在右工具箱中单击 ▦ 按钮，打开阵列设计工具。此时将显示模型上所有的尺寸参数，如图 5-5 所示。

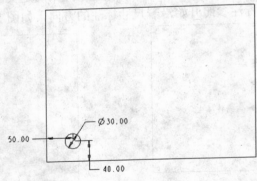

图5-5 显示模型尺寸

（3）在图标板左上角单击 尺寸 按钮，打开参数面板，此时，系统激活【方向 1】参照列表框，选取尺寸 50.00 作为驱动尺寸，设置阵列尺寸增量为 75.00，表示在该尺寸方向上每两个实例特征中心的距离为 75.00。

（4）按住 Ctrl 键，继续选取直径尺寸 30.00 作为第二个驱动尺寸，设置尺寸增量为 5.00，则在该阵列方向上，各实例特征的直径依次增加 5.00，完成设置后的参数面板如图 5-6 所示。

图5-6 参数面板设置1

(5) 在参数面板中单击激活【方向 2】参照列表框，选取尺寸 40.00 作为驱动尺寸，设置阵列尺寸增量为 55.00。

(6) 按住 Ctrl 键，继续选取直径尺寸 30.00 作为第二个驱动尺寸，设置尺寸增量为-5.00，则在该阵列方向上，各实例特征的直径依次减小 5.00。完成设置后的参数面板如图 5-7 所示。

(7) 分别在图标板上设置第一方向和第二方向上的特征总数，随后系统会给出阵列效果预览，每个黑点代表一个阵列实例特征，如图 5-8 所示。设置完成的图标板如图 5-9 所示。

图5-7 参数面板设置2

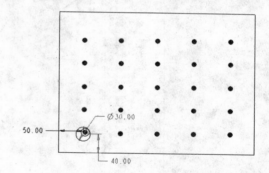

图5-8 阵列效果预览

图5-9 其他参数设置

(8) 单击鼠标中键，最后创建的阵列结果如图 5-10 所示。

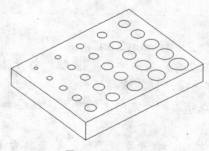

图5-10 阵列结果

如图 5-11 所示，每个小黑点代表一个实例特征，单击某个小黑点使之变成空心点，该点对应的实例特征将被删除，再次单击空心点又可以变成小黑点，重新显示该实例特征。如图 5-11 所示。

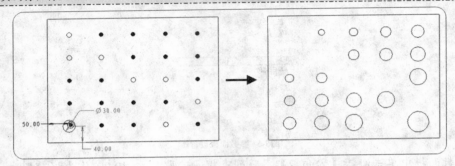

图5-11 删除部分实例特征

(9) 在模型对话框中，单击展开阵列特征标记，其中第一个为原始特征，其余为实例特征，如图 5-12 所示。

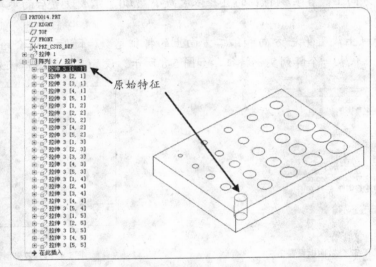

图5-12 查看原始特征

(10) 在模型对话框中的阵列特征标记上单击鼠标右键，在弹出的快捷菜单中选择【删除阵列】命令，删除阵列实例特征。

如果在弹出的快捷菜单中选择【删除】命令，将删除原始特征和所有阵列实例特征。

2. 创建方向阵列。

(1) 打开教学资源文件 "\项目 5\素材\array2.prt"。

(2) 选中模型上的孔，然后在右工具箱中单击 按钮，打开阵列设计工具。在图标板上的下拉列表中选择【方向】选项，创建方向阵列。

(3) 选取如图 5-13 所示的边线作为第一方向上的参照，然后如图 5-14 所示输入特征总数和驱动尺寸。

(4) 在图标板左上角单击 尺寸 按钮，打开参数面板，单击激活【尺寸 1】列表框，然后选取尺寸 40.00 作为第一个驱动尺寸, 设置尺寸增量为 40.00, 按住 $\boxed{Ctrl}$ 键选取直径尺寸
30.00 作为第二个驱动尺寸, 设置尺寸增量为 6.00, 如图 5-15 所示。

(5) 单击鼠标中键, 最后创建的阵列结果如图 5-16 所示。

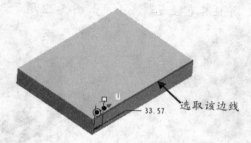

图5-13 选取方向参照

图5-14 设置阵列参数

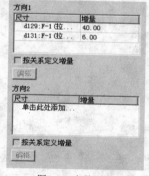

图5-15 参数面板

图5-16 阵列结果

 方向阵列用于创建线性阵列, 设计时使用方向参照来确定阵列方向。要创建方向阵列, 选取原始特征后, 在右工具箱中单击 按钮打开设计图标板, 在图标板左侧的下拉列表中选择【方向】选项, 此时图标板上的项目如图 5-17 所示。

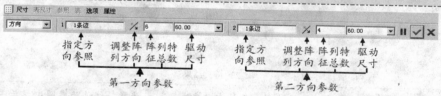

图5-17 方向阵列工具

3. 创建轴阵列。

(1) 打开教学资源文件 "\项目 5\素材\array3.prt"。

(2) 选中模型上的孔, 然后在右工具箱中单击 按钮, 打开阵列设计工具。在图标板上的下拉列表中选择【轴】选项, 创建轴阵列。

(3) 选取如图 5-18 所示的轴线 A_2 作为阵列参照, 此时的阵列尺寸如图 5-19 所示。

(4) 在图标板左上角单击 尺寸 按钮, 打开参数面板, 单击激活【尺寸 1】列表框, 然后选取

尺寸 200.00 作为第一个驱动尺寸，设置尺寸增量为-8.00，按住 Ctrl 键选取直径尺寸 50.00 作为第二个驱动尺寸，设置尺寸增量为-2.00，如图 5-20 所示。

(5) 按照如图 5-21 所示设置特征总数及特征间的角度增量，单击鼠标中键后创建的实例特征逐渐逼近参照轴线，并且其直径逐渐减小，如图 5-22 所示。

图5-18　选取参照轴

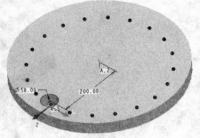

图5-19　阵列尺寸

图5-20　参数面板

图5-21　设置阵列参数

图5-22　阵列结果

　　　　轴阵列主要用于创建旋转阵列。设计中首先选取一个旋转轴线作为参照，然后围绕该旋转轴线创建特征阵列。选取原始特征后，在右工具箱中单击 按钮，打开设计图标板，在图标板左侧的下拉列表中选择【轴】选项，此时图标板上的项目如图 5-23 所示。

选取参　调整阵　特征　角度　　阵列特征分　　特征　角度
照轴线　列方向　总数　增量　　布角度范围　　总数　增量

　　　　　　　圆周方向参数　　　　　　径向参数

图5-23　轴阵列工具

4. 创建参照阵列。

(1) 打开教学资源文件 "\项目 5\素材\array4.prt"。

(2) 在模型数中展开阵列特征，按照如图 5-24 所示找出原始特征，如图 5-25 所示。

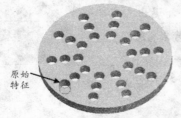
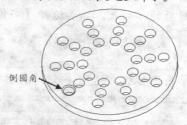

图5-24 选取原始特征　　　　　　　　　　　图5-25 创建倒圆角特征

(3) 在右工具箱中单击 按钮，打开倒圆角工具，在原始特征上创建半径为 5.00 的倒圆角，结果如图 5-25 所示。

(4) 确保新建倒圆角特征被选中的情况下，单击 按钮，打开阵列工具，目前仅有参照阵列可以使用。

(5) 单击最内层的小黑点，使之显示为空心点，这些实例特征上将不创建倒圆角，而其余实例特征上将创建与原始特征参数相同的倒圆角，如图 5-26 所示。

(6) 单击鼠标中键，最后创建的设计结果如图 5-27 所示。

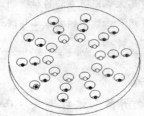
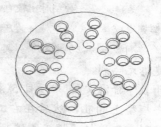

图5-26 删除部分实例特征　　　　　　　　　图5-27 阵列结果

　　如果原始特征上新建的特征具有多种可能的阵列结果，系统会打开阵列图标板，用户可以根据需要选取适当的阵列方法。如果希望使用参照阵列，可以从图标板前面的下拉列表中选择【参照】选项。

5. 创建表阵列。

(1) 打开教学资源文件 "\项目 5\素材\array5.prt"。

(2) 选中模型上的孔，然后在右工具箱中单击 按钮，打开阵列设计工具。在图标板上的下拉列表中选择【表】选项，创建表阵列。此时将显示该孔的所有尺寸参数，如图 5-28 所示。

(3) 在图标板上单击 表尺寸 按钮，按住 Ctrl 键将孔的 3 个尺寸填写到尺寸列表中，如图 5-29 所示。

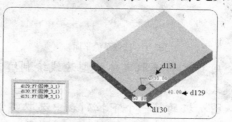

图5-28 显示尺寸参数　　　　　　　　　　　图5-29 创建真列表

(4) 在图标板上单击 编辑 按钮打开记事本，按照如图 5-30 所示编辑阵列表创建 4 个实例特征，注意表中每个特征参数的对应关系。

(5) 在文本编辑器中选择【文件】/【保存】命令，保存修改后的阵列表，图 5-31 所示为编辑后的阵列表。然后选择【文件】/【退出】命令，退出文本编辑器。

 在阵列表中，"*"代表该参数与原始特征对应参数相同。

(6) 单击图标板上的 ✓ 按钮，最后的设计结果如图 5-32 所示。

图5-30 编辑阵列表

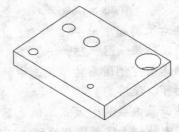

图5-31 阵列结果

 表阵列是一种相对比较自由的阵列方式，常用于创建不太规则布置的特征阵列。在创建表阵列之前，首先收集特征的尺寸参数创建阵列表，然后使用文本编辑的方式编辑阵列表，为每个阵列实例特征确定尺寸参数，最后使用这些参数创建阵列特征。

6. 创建填充阵列。

(1) 打开教学资源文件 "\项目 5\素材\array6.prt"。

(2) 选中模型上的孔，然后在右工具箱中单击 ▦ 按钮，打开阵列设计工具。在图标板上的下拉列表中选择【填充】选项，创建填充阵列。

(3) 在设计界面空白处长按鼠标右键，在弹出的快捷菜单中选择【定义内部草绘】命令，然后选取如图 5-32 所示的平面作为草绘平面，单击鼠标中键进入草绘模式。

草绘平面

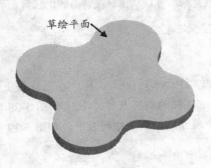

图5-32 选取草绘平面

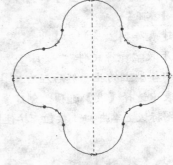

图5-33 绘制填充区域

(4) 使用 ▢ 工具选取实体模型边线绘制填充区域，结果如图 5-33 所示，完成后退出草绘模式。

(5) 从图标板的第一个下拉列表中选取实例特征的排列阵型，主要有【正方形】、【菱形】、【三角形】、【圆】、【曲线】和【螺旋】等，这里选择【菱形】选项。

(6) 在输入文本框 [40.00▼] 中输入实例特征之间的距离，这里输入 40.00。

(7) 在输入文本框 [20.00▼] 中输入实例特征到草绘边界的距离，这里输入 20.00。

(8) 在输入文本框 [45.00▼] 中输入实例阵列关于中心原点转过的角度，这里输入 45.00。
此时预览阵列效果如图 5-34 所示，图中标出了各参数的含义。

(9) 单击取消如图 5-35 所示的实例特征。

(10) 单击鼠标中键，最后创建的设计结果如图 5-36 所示。

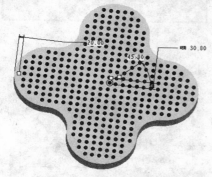

图5-34 预览效果

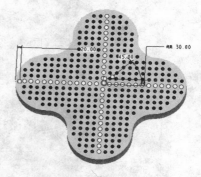

图5-35 删除部分实例特征

图5-36 阵列结果

 填充阵列是一种操作更加简便、实现方式更加多样化的特征阵列方法。在创建填充阵列时，首先划定阵列的布置范围，然后指定特征阵列的排列格式并微调有关参数，系统将按照设定的格式在指定区域内创建阵列特征。

7. 创建曲线阵列。

(1) 打开教学资源文件 "\项目 5\素材\array5.prt"。

(2) 选中模型上的菱形孔，然后在右工具箱中单击 按钮，打开阵列设计工具。在图标板上的下拉列表中选择【曲线】选项，创建曲线阵列。

(3) 在设计界面空白处长按鼠标右键，在弹出的快捷菜单中选择【定义内部草绘】命令，然后选取图 5-37 所示的平面作为草绘平面，单击鼠标中键进入草绘模式。

(4) 在右工具箱中单击 按钮（在 工具组中），在【类型】面板中选择【环】选项，然后任意选取一条模型边线从而选中整个模型边线链，如图 5-38 所示。

(5) 在截面底部的输入文本框中输入偏距数值 "-30.00"，然后回车，在【选取】面板中单击 确定 按钮，最后创建的草绘曲线如图 5-39 所示。

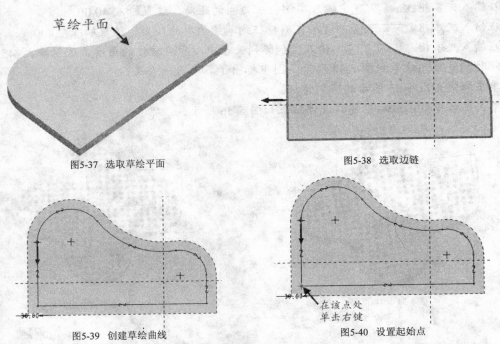

图5-37 选取草绘平面　　　　　　　　　图5-38 选取边链

图5-39 创建草绘曲线　　　　　　　　　图5-40 设置起始点

(6) 用鼠标单击选中图 5-40 所示的参照点，在其上单击鼠标右键，在弹出的快捷菜单中选择【起始点】命令，将其设为起始点，如图 5-41 所示。完成后退出草绘模式。

> 提示　　通常将曲线上的起始点设置在距离原始特征最近的位置处，否则最后创建的阵列设计结果与参照曲线间的偏距太大。

(7) 图标板上的 ⌒ 按钮用于设置实例特征之间的间距，本设计中我们单击右侧的 ⌖ 按钮输入特征总数 40。

(8) 单击鼠标中键，最后创建的设计结果如图 5-42 所示。

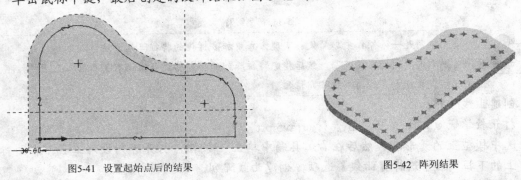

图5-41 设置起始点后的结果　　　　　　图5-42 阵列结果

任务二　掌握特征复制的方法和技巧

> 基础知识

通过特征复制的方法可以复制模型上的现有特征（我们称之为原始特征），并将其放置在零件的一个新位置上，以实现快速"克隆"已有对象，避免重复设计，提高设计效率。

特征复制主要有指定参照复制、镜像复制和移动复制 3 种基本方法。选择【编辑】/【特征操作】命令，打开【特征】菜单，选择【复制】选项，打开【复制特征】菜单，启动特征复制工具。

(1) 指定参照复制

指定参照复制是将选定的特征按照指定的参照在另一处创建副本特征，复制时可以使用与原始特征相同的参照，也可重新选取新参照，并可以更改实例特征的尺寸。

(2) 镜像复制

镜像复制操作读者应该并不陌生，主要创建关于选定平面对称的结构。在复制时，要注意使用【独立】属性和【从属】属性创建的特征的区别。

(3) 移动复制

移动复制是可以对选定的特征进行移动和旋转来重新设置特征的放置位置，使用更加灵活多样，应用更广泛。

【案例5-2】 特征复制的应用。

1. 使用【新参照】复制特征。

(1) 打开教学资源文件 "\项目 5\素材\copy1.prt"。

在【编辑】菜单中选择【特征操作】命令，打开【特征】菜单，选择【复制】命令，打开【复制特征】菜单，接受默认的【新参考】、【选取】、【独立】和【完成】选项，选取模型上的孔特征作为复制对象，如图 5-43 所示，然后在【选取特征】菜单中选择【完成】命令。

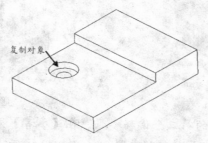

图5-43 选取复制对象

 在【复制特征】菜单中选择【独立】命令时，复制后的特征与原始特征之间不会建立关联关系，这样修改原始特征时，对复制后的实例特征没有影响。如果选择【从属】命令，则在二者之间建立起了关联关系，修改原始特征时，复制特征也会随之改变。

(2) 此时模型上会显示该特征所有尺寸参数，同时弹出【组可变尺寸】菜单，选中需要在复制特征时变更的尺寸。这里选中了 4 个尺寸，分别是孔的两个定位尺寸及深度方向上的两个定形尺寸，如图 5-44 所示。然后在【组可变尺寸】菜单中选择【完成】命令。

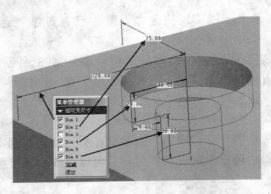

图5-44 选取修改的尺寸

提示

> 将鼠标指向【组可变尺寸】菜单中的尺寸项目时，模型上相应的尺寸将变为红色，这样即可将【组可变尺寸】菜单中的符号尺寸与模型上的尺寸关联起来。

(3) 为尺寸 Dim1 输入新值 "80.00"，然后回车。

(4) 为尺寸 Dim2 输入新值 "150.00"，然后回车。

(5) 为尺寸 Dim4 输入新值 "30.00"，然后回车。

(6) 为尺寸 Dim6 输入新值 "50.00"，然后回车。

(7) 系统提示为孔选取放置参照，并提示原始特征的参照，接受【参考】菜单中的【替换】选项，如图 5-45 所示选取替换的平面。

(8) 使用图 5-46 所示的平面替换原始特征的第一个偏移参照。

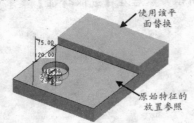

图5-45 指定参照1

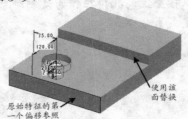

图5-46 指定参照2

(9) 系统加亮显示原始特征的第二个偏移参照，在【参考】菜单中选择【相同】命令，复制特征和原始特征使用相同的偏移参照。

(10) 在【组放置】菜单中选择【完成】命令，结束特征复制操作。这里使用新参照复制特征，在确保特征形状相似的情况下，更改了特征尺寸，复制结果如图 5-47 所示。

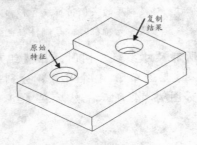

图5-47 复制结果

2. 使用【相同参考】复制对象。

(1) 在【编辑】菜单中选择【特征操作】命令，打开【特征】菜单，选择【复制】命令，打开【复制特征】菜单，选择【相同参考】、【选取】、【独立】和【完成】命令。

(2) 选取图 5-43 所示特征为复制对象，然后在【选取特征】菜单中选择【完成】命令。

(3) 由于原始特征和实例特征使用相同的定位参照，因此这里只需要修改模型的尺寸参数即可，按照如图 5-48 所示选取要修改的尺寸，然后在【组可变尺寸】菜单中选择【完成】命令。

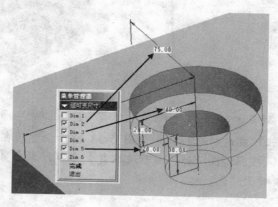

图5-48 选取修改的尺寸

(4) 为尺寸 Dim2 输入新值 "225.00"，然后回车。

(5) 为尺寸 Dim3 输入新值 "60.00"，然后回车。

(6) 为尺寸 Dim5 输入新值 "30.00"，然后回车。

(7) 在【组元素】对话框中单击 确定 按钮，最后复制的结果如图 5-49 所示。

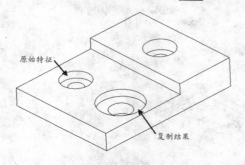

图5-49 复制结果

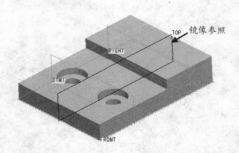

图5-50 选取复制参照

3. 镜像复制对象。

(1) 打开教学资源文件 "\项目 5\素材\copy1.prt"。

(2) 在【编辑】菜单中选择【特征操作】命令，打开【特征】菜单，选择【复制】命令，打开【复制特征】菜单，选择【镜像】、【选取】、【从属】和【完成】命令，然后选取模型上的孔特征作为复制对象，最后在【选取特征】菜单中选择【完成】命令。

(3) 系统提示选取镜像参照，选取 TOP 基准面后创建镜像结果，如图 5-50 所示。

(4) 在模型树窗口中的 "孔 1" 标识上单击鼠标右键，在弹出的快捷菜单中选择【编辑】命令，将孔尺寸 40.00 修改为 60.00，如图 5-51 所示。

(5) 在【编辑】菜单中选择【再生】命令再生模型，可以看到原始特征和实例特征同时发生改变，如图 5-52 所示，这是因为在特征复制时设置了【从属】属性。

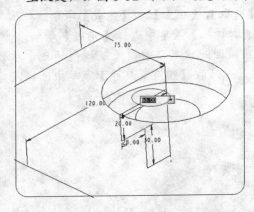

图5-51 修改参数

图5-52 再生后的模型

(6) 在模型树窗口中单击顶部的特征标识，如图 5-53 所示，然后在右工具箱中单击 ⬚ 按钮打开镜像复制工具，按照如图 5-54 所示选取复制参照，单击鼠标中键，模型整体复制后的结果如图 5-55 所示。

图5-53 选中复制对象

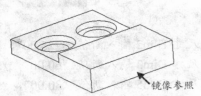

图5-54 选取复制参照

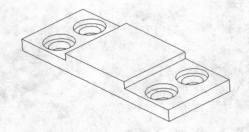

图5-55 镜像复制结果

【案例5-3】   创建旋转楼梯。

1. 新建文件。

   新建名为"stair"的零件文件，使用默认模板进入三维建模环境。

2. 创建第一个拉伸实体特征。

(1) 在右工具箱上单击 ⬚ 按钮，打开拉伸设计图标板。

(2) 选取基准平面 FRONT 作为草绘平面。

(3) 绘制图 5-56 所示的截面图，完成后退出草绘模式。

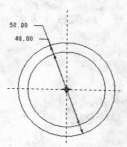

图5-56 绘制截面图

(4) 按照如图 5-57 所示设置特征参数，最后创建的设计结果如图 5-58 所示。

图5-57 设置特征参数

图5-58 拉伸实体特征

3. 创建第二个拉伸实体特征。

(1) 在右工具箱上单击 按钮，打开拉伸设计图标板。

(2) 选取基准平面 FRONT 作为草绘平面，此时系统默认的草绘视图方向如图 5-59 所示，在【草绘】对话框中单击 反向 按钮改变其指向，如图 5-60 所示，接受系统其他默认参照放置草绘平面后，进入二维草绘模式。

(3) 在草绘平面内按照以下步骤绘制拉伸剖面。

用 工具绘制如图 5-61 所示的一段圆弧。

图5-59 草绘视图方向1

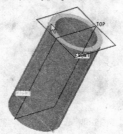

图5-60 草绘视图方向2

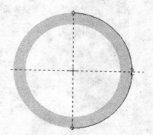

图5-61 绘制圆弧

用 工具绘制如图 5-62 所示的两条线段。

用 工具绘制如图 5-63 所示的一段同心圆弧。

裁去图形上的多余线条，保留如图 5-64 所示的剖面图，完成后退出草绘模式。

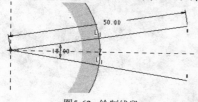

图5-62 绘制线段

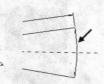

图5-63 绘制同心圆弧

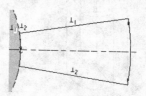

图5-64 截面图

(4) 按照如图 5-65 所示设置拉伸参数，确保拉伸方向如图 5-66 所示。

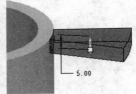

图5-65 设置拉伸参数

图5-66 特征生成方向

(5) 在图标板上确认设计参数，最后创建的特征如图 5-67 所示。

4. 复制拉伸实体特征。

(1) 选择【编辑】/【特征操作】命令，打开【特征】菜单，选择【复制】命令，在打开的【复制特征】菜单中选择【移动】、【选取】、【独立】和【完成】命令，选取如图 5-68 所示的特征作为复制对象后，在【选取特征】菜单中选择【完成】命令。

(2) 在【移动特征】菜单中选择【平移】命令，在【选取方向】菜单中选择【曲线/边/轴】命令，然后选取如图 5-69 所示的轴线 A_6 作为平移参照，在【方向】菜单中选择【正向】命令，接受系统默认的移动方向，如图 5-70 所示。

(3) 在消息输入窗口中输入特征的平移距离 "5"，然后回车。

(4) 在【移动特征】菜单中选择【旋转】命令，在【选取方向】菜单中选择【曲线/边/轴】命令，继续选取轴线 A_6 作为旋转参照，在【方向】菜单中选择【正向】命令，接受系统默认的旋转方向（该方向与上一步设置平行方向的箭头指向一致）。

(5) 在消息输入窗口中输入旋转角度 "18"，然后回车，最后在【移动特征】菜单中选择【完成移动】命令。

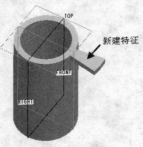

图5-67 新建特征

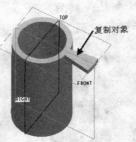

图5-68 选取复制对象

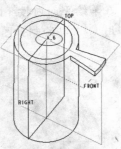

图5-69 选取移动参照

(6) 在【组可变尺寸】菜单中直接选择【完成】命令，最后单击模型对话框中的 确定 按钮，创建如图 5-71 所示的设计结果。

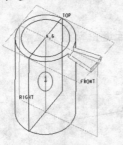

图5-70 确定移动方向

图5-71 移动结果

5. 创建阵列特征。

(1) 选中刚创建的复制特征，然后在右工具箱上单击 ▦ 按钮，打开阵列设计图标板。

(2) 在图标板左上角单击 尺寸 按钮，弹出【尺寸】参数面板，首先选中上一步复制特征时的平移距离尺寸 5.00，然后按住 Ctrl 键再选取旋转尺寸作为驱动尺寸，如图 5-72 所示，最后按照如图 5-73 所示设置尺寸增量。

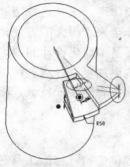

图5-72 选取驱动尺寸

图5-73 参数设置

(3) 按照如图 5-74 所示设置其他阵列参数，预览阵列效果如图 5-75 所示，创建的阵列效果如图 5-76 所示。

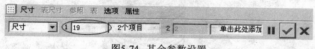

图5-74 其余参数设置

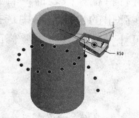

图5-75 预览结果

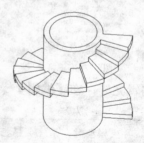

图5-76 阵列结果

任务三 掌握特征的常用操作方法

一、特征之间的主从关系

使用 Pro/E 创建三维模型的过程实际上是一个不断修正设计结果的过程。特征创建完成后，根据设计需要还可以对其进行各种操作，熟练掌握这些操作工具能全面提高设计效率。

实际上，构成模型的各个特征并非完全独立。创建一个特征的过程中常常需要选取其他特征作为参照。例如在由零开始创建第 1 个特征时，通常使用基准特征作为草绘平面。在进行阵列、镜像及复制等操作时，必须首先选取原始特征（主特征），然后创建其副本。

俗话说，"皮之不存，毛将焉附"，一个特征必须依附于一个已有特征来为其定位，一旦在特征之间建立了主从关系后，对特征进行操作就必须考虑这种关系对设计的影响。

特征的主从关系是 Pro/E 强大的参数化建模功能的重要体现，正是这种特征之间千丝万缕的联系保证了设计者能够轻松实现对模型的修改，为设计带来了极大的方便：一旦主特征被修改，所有从属特征立即动态改变。因此，特征主从关系是参数化设计的理论基础。

另一方面，特征之间复杂的主从关系也会使模型的结构更加复杂，这种错综复杂的关系之间的相互制约和牵制可能会导致特征再生失败。例如，如果删除某一特征，将可能导致该特征的所有从属特征成为"孤儿"特征。

二、编辑特征

如果对设计完成后创建的模型不满意，可以使用系统提供的特征修改工具对模型中的特征进行修改。实际上，在使用 Pro/E 进行建模的过程中，设计者需要熟练使用设计修改工具反复修改设计内容，直至满意为止，这也是 Pro/E 设计的重要特点之一。

在进行特征修改之前，首先在模型树窗口中选取需要修改的特征，然后在其上单击鼠标右键，在弹出的快捷菜单中选择【编辑】命令，如图 5-77 所示。此时，系统将显示该特征的所有尺寸参数。双击需要修改的尺寸参数后，输入新的尺寸，如图 5-78 所示。

图5-77　右键菜单

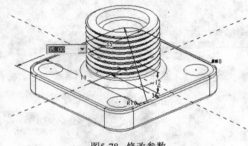

图5-78　修改参数

特征编辑完毕，在【编辑】菜单中选择【再生】命令或单击上工具箱中的 按钮再生模型。

　再生模型时，系统会根据特征创建的先后顺序依次再生每一个特征。如果使用了不合理的设计参数，还可能导致特征再生失败。

三、编辑定义特征

使用特征修改的方法来修改设计意图操作简单、直观，但是这种方法功能比较单一，主要用于修改特征的尺寸参数。而且，当模型结构比较复杂时，常常难以找到需要修改的参数。如果需要全面修改特征创建过程中的设计内容，包括草绘平面的选取、参照的选取及草绘剖面的尺寸等，则应该使用编辑定义特征方法。

在进行特征编辑定义之前，首先在模型树窗口中选取需要编辑定义的特征，然后在其上单击鼠标右键，在弹出的快捷菜单中选择【编辑定义】命令，系统将打开创建该特征的设计图标板，重新设定需要修改的参数即可。

四、插入特征

在使用 Pro/E Wildfire 进行特征建模时，系统根据特征创建的先后顺序搭建模型。使用插入方法能够方便设计者在一项规模很大的设计基本完成之后，根据需要添加某些细节特征以进一步完善设计内容。

五、重排特征顺序

根据 Pro/E 的建模思想，特征是以一定的先后顺序按照"搭积木"方式依次创建的特征构成的，但是这并不意味着这种特征结构是不能改变的，在一定条件下，可以调整特征中模型的设计顺序，这时可以使用重排特征顺序的操作来实现。

可以重排一个模型中特征的创建顺序，并不意味着可以随便更改任意两个特征的设计顺序，在操作时必须注意以下两个基本原则。

- 重排特征顺序时，不能违背特征间的主从关系，不能把从属特征调整到主特征的前面。通常的情况是调整顺序的几个特征之间相互独立，没有主从关系。
- 在重排特征顺序时，应该首先了解模型的特征构成，做到心中有数。对于比较复杂的模型，通常使用模型树查看其特征构成。

【**案例5-4**】　特征的常用操作。

1. 重定义特征草绘截面。
(1) 打开教学资源文件 "\项目5\素材\redifine.prt."，该文件相应的模型如图 5-79 所示，下面将使用编辑定义方法编辑模型上指定特征的草绘剖面。
(2) 在模型上选中上部的孔，系统在模型树窗口中加亮该特征，在其上单击鼠标右键，然后在弹出的快捷菜单中选择【编辑定义】命令，如图 5-80 所示。

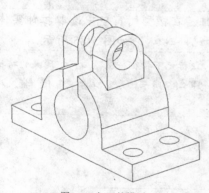

图5-79 打开的模型

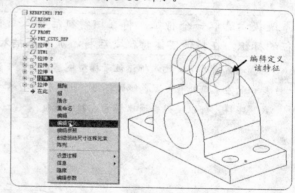

图5-80 启动编辑工具

(3) 系统打开创建该特征时的设计图标板，如图 5-81 所示。

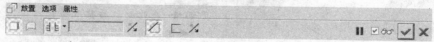

图5-81 打开设计工具

(4) 在设计界面空白处单击鼠标右键，在弹出的快捷菜单中选择【编辑内部草绘】命令，进入二维草绘模式。
(5) 删除原来的圆形剖面，重新绘制方形剖面，如图 5-82 所示，完成后退出草绘模式。
(6) 单击鼠标中键，系统根据新的设计参数再生模型，结果如图 5-83 所示。

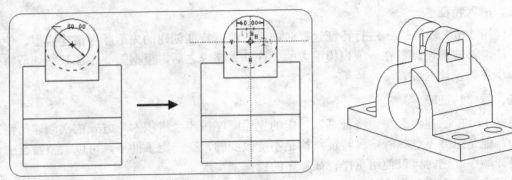

图5-82　重绘截面图　　　　　　　　　　　　　　　　　图5-83　编辑后的结果

　　　除了可以编辑定义特征剖面之外，还可以在图标板上编辑定义特征的其他参数，如特征深度、特征生成方向及特征的加减材料属性等。

2.　插入特征。

(1)　打开模型。

在开始该实例之前，首先打开教学资源文件"\项目5\素材\insert.prt"，该文件相应的模型如图 5-84 所示。模型上包括一个加材料的拉伸特征和一个壳特征，下面介绍在这两个特征之间插入倒圆角特征的方法。

(2)　在【编辑】菜单中选择【特征操作】命令，在【特征】菜单中选择【插入模式】命令，在【插入模式】菜单中选择【激活】命令激活插入模式。

　　　也可以选中插入标记➡在此插入，按住鼠标左键将其拖放到需要插入特征的位置，该操作更加便捷。

(3)　系统提示选取一个特征，将在该特征后插入新特征。在模型树窗口中选取拉伸实体特征的标识，在拉伸实体特征之后将添加一个插入标记➡在此插入，如图 5-85 所示。

　　　通常情况下，插入标记位于模型树窗口的最下端，该标记下特征将被隐藏，被隐藏的特征标识的左上角处有一黑色隐藏标记。此时的模型结构如图 5-86 所示，在窗口右下角有"插入模式"字样，可以使用普通建模方法创建特征。

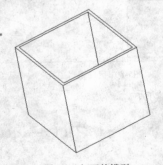

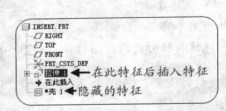

图5-84　打开的模型　　　　　　　　　　图5-85　模型树窗口

(4)　在右工具箱中单击🔘按钮打开设计图标板。按照如图 5-87 所示选取 8 条边线作为圆角放置参照，设置圆角半径为 40.00。

(5)　单击图标板上的✔按钮，创建倒圆角特征后的模型，如图 5-88 所示。

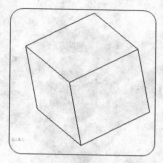

图5-86 插入模式

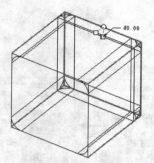

图5-87 选取圆角参照

(6) 再次在【编辑】菜单中选择【特征操作】命令，在【特征】菜单中选择【插入模式】命令。

(7) 在【插入模式】菜单中选择【取消】命令，系统询问是否恢复隐藏的特征，单击 按钮。

(8) 在【特征】菜单中选择【完成】命令，最终的设计结果如图 5-89 所示。

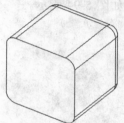

图5-88 创建倒圆角后的结果

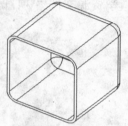

图5-89 插入特征后的结果

3. 重排特征顺序。

(1) 打开文件。

在开始该实例之前，首先打开教学资源文件 "\项目5\素材\reorder.prt"，该文件相应的模型如图 5-90 所示。模型上先后创建了一个拉伸实体特征、一个壳特征和一个孔特征，由于壳特征和孔特征之间没有主从关系，因此可以重排二者的顺序。

(2) 查看重排序前的模型构成。从模型树窗口可以看到，重排序之间先创建壳特征后创建孔特征，如图 5-91 所示。

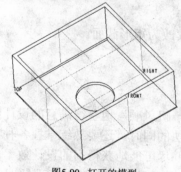

图5-90 打开的模型

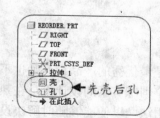

图5-91 模型树结构

(3) 在模型树窗口中选中壳特征的标识，按住鼠标左键将其拖到孔特征的标识下，拖动时会出现黑色标志杆，如图 5-92 所示。

(4) 系统自动再生模型，结果如图 5-93 所示。

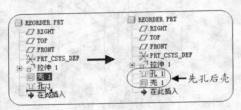

图5-92 模型树操作

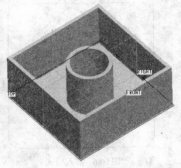

图5-93 操作结果

实训

打开教学资源文件"\项目 5\素材\exercise.prt",该模型如图 5-94 所示。

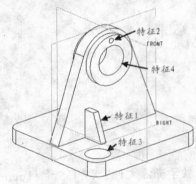

图5-94 打开的模型

操作提示如下。

(1) 将特征 1 向右平移 150.00 创建新特征,然后将特征 2 旋转 35°创建新特征。

(2) 选用基准平面 RIGHT 为参照镜像复制特征 3。

(3) 使用编辑方法修改特征 3 的孔径,使之减小一半。

(4) 使用编辑定义方法修改特征 4 的截面形状,将其改为矩形截面。

项目小结

即便是最优秀的产品设计师也不能保证自己可以"一帆风顺"地获得满意的设计结果。因此,一个训练有素的设计人员在熟练掌握各种造型方法的同时,还要熟练掌握各种特征操作工具的用法,以便能够随时解决设计中出现的问题,并尽可能地获得高的设计效率。

特征阵列适合于创建规则排列的一组特征。在学习尺寸阵列时应该重点理解驱动尺寸的含义和用途。方向阵列和轴阵列是两种方便实用的设计方法,前者用于创建线性阵列,后者用于创建旋转阵列。参照阵列、表阵列和填充阵列具有专门的设计用途,注意掌握其设计原理。

特征复制的方法比较多，其中应用最为广泛的是镜像复制和移动复制。镜像复制需要指定镜像参照，一般指定基准平面或实体上的平面作为参照。移动复制分为平移和旋转两种类型，设计时也需要指定必要的设计参照，可以使用顶点、基准轴线、坐标系和基准平面等作为参照。另外注意特征复制时属性的设置，重点理解"从属"和"独立"属性的差别。

思考与练习

1. 使用特征阵列方法创建如图 5-95 所示的模型。
2. 使用实体建模手段创建如图 5-96 所示的模型。

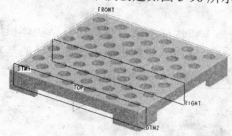

图5-95　模型树操作

图5-96　操作结果

项 目 六

全面掌握三维建模技巧

基础实体特征和工程特征是构建实体模型的两种主要特征类型，是构建复杂实体模型的重要元素。本项目将带领读者深入学习实体建模的基本原理，并初步引入曲面设计的基本思想。本例设计完成的吊钟模型如图 6-1 所示，其设计思路如图 6-2 所示。

图6-1 吊钟模型

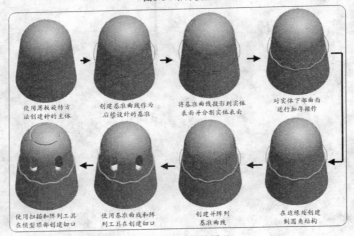

图6-2 模型的设计原理

任务一 创建旋转实体特征

一、旋转特征设计原理

旋转是指将指定截面沿着公共轴线旋转后得到的三维模型，最后创建的模型为一个回转体，具有公共对称轴线，图 6-3 所示为使用闭合截面图创建旋转实体特征的示例，图 6-4 所示为使用开放截面图创建加厚草绘特征的示例。

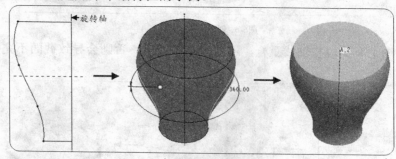

图6-3 使用闭合截面图创建旋转实体特征

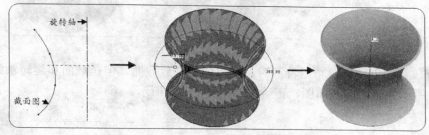

图6-4 使用开放截面图创建加厚草绘特征

在右工具箱中单击 按钮，将在设计界面底部打开设计图标板，如图 6-5 所示。

图6-5 设计工具

该图标板的基本用法与拉伸设计图标板相似。设计时，首先设置草绘平面，然后绘制旋转截面图，接下来执行旋转轴线，设置旋转角度，根据设计需要还可以调整旋转方向。

二、主要设计操作

创建旋转实体特征时，主要包括以下设计步骤。

(1) 设置草绘平面

这一步骤与创建拉伸实体特征基本相同，包括以下内容。

- 选取合适的平面作为草绘平面。
- 设置合适的草绘视图方向。
- 选取合适的平面作为参考平面，准确放置草绘平面。

(2) 绘制旋转截面图

正确设置草绘平面后，接下来进入二维草绘模式绘制截面图。

与拉伸实体特征的草绘截面不同，在绘制旋转截面图时，通常需要同时绘制出旋转轴线，如图6-6所示。

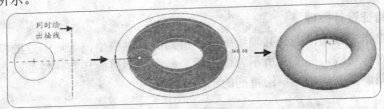

图6-6　创建旋转实体特征1

如果截面图上有线段与轴线重合，不要忽略该线段，否则会导致截面不完整，如图 6-7 所示。

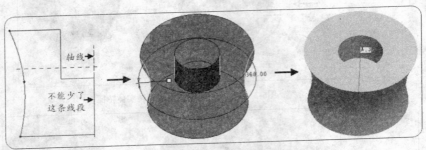

图6-7　创建旋转实体特征2

使用开放截面创建加厚草绘特征时，可以使用开放截面，但是截面和旋转轴线不得有交叉，图6-8所示为错误的截面图，正确的结果如图6-9所示。

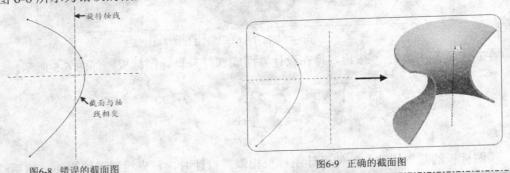

图6-8　错误的截面图　　　　　　　　图6-9　正确的截面图

　　在使用拉伸和旋转方法创建实体模型时，如果要使用开放截面创建加厚草绘特征，应该先在图标板上单击█按钮确定特征类型，才可以绘制开放截面，否则系统会报告截面不完整，无法创建特征。

(3) 确定旋转轴线

除了在绘制草绘截面时绘制旋转轴线外，也可以首先绘制不包含旋转轴线的截面图，退出草绘模式后再选取基准轴线或实体模型上的边线作为旋转轴线。

在图标板上单击██按钮，打开上滑参数面板，如图 6-10 所示，在这里可以选取实体特征的边线或基准轴线作为旋转轴。

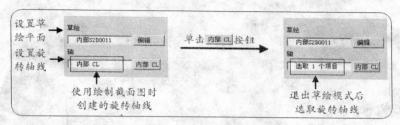

图6-10 指定旋转轴线

(4) 设置旋转角度

指定旋转角度的方法和指定拉伸深度的方法相似，首先在图标板上选取一种旋转角度的确定方式，其中有以下 3 种指定角度的方法，具体用法如表 6-1 所示。

表 6-1　　　　　　　　　　　　　　　　　　　设置旋转角度

序号	图形按钮	含义	示例图
1		直接在按钮右侧的文本框中输入旋转角度	
2		在草绘平面的双侧产生旋转实体特征，每侧旋转角度为文本框中输入数值的一半	
3		特征以选定的点、线、平面或曲面作为参照，特征旋转到该参照为止	

(5) 设置特征生成方向

系统默认的特征旋转方向为绕旋转轴线逆时针旋转，如图 6-11 所示。要调整旋转方向，可以在图标板上单击图标板上从左至右的第一个 ✗ 按钮，将旋转方向调整为顺时针，如图 6-12 所示。

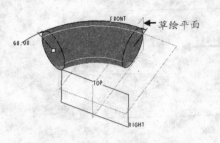

图6-11 特征旋转方向 1

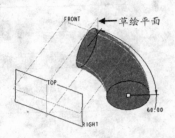

图6-12 旋转方向 2

三、创建加厚草绘特征

加厚草绘特征又称薄板特征。绘制草绘剖面后如果创建薄板特征，这时并不是拉伸整个草绘剖面，而是拉伸将草绘剖面边界加厚为指定厚度后的截面，如图 6-13 所示。

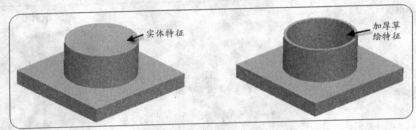

图6-13 实体特征与加厚草绘特征

同理，如果创建减材料薄板特征，并不是切去整个草绘剖面对应的实体材料，而是切去将草绘剖面边界加厚指定厚度后对应的实体材料，如图 6-14 所示。

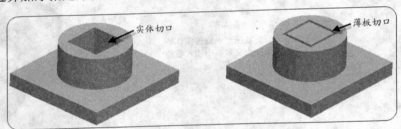

图6-14 实体切口与薄板切口

(1) 设计工具

创建草绘剖面后，单击图标板上的 ▤ 按钮，打开设计图标板，如图 6-15 所示。在右侧的文本框中输入草绘剖面加厚厚度。

图6-15 设计工具

(2) 调整加厚方向

默认情况下系统将加厚剖面内侧，单击最右端的 ╱ 按钮，可以更改加厚方向，加厚剖面外侧；再次单击可以加厚剖面两侧，每侧加厚厚度为输入值的一半，如图 6-16 所示。

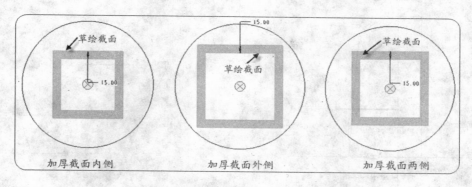

图6-16 截面加厚方向

(3) 开放剖面的应用

在创建加厚草绘特征时，可以使用闭合剖面，也可以使用开放剖面，图 6-17 所示为使用开放剖面创建薄板旋转实体特征的示例。

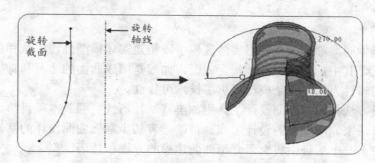

图6-17 使用开放截面创建薄板特征

在使用开放剖面创建薄板特征时，一定要先在图标板上单击 ▢ 按钮确定特征类型，才可以绘制开放剖面创建特征，否则系统会提示剖面不封闭的错误信息。

【步骤解析】

1. 新建零件文件。

   新建名为 "clock" 的零件文件，进入三维建模环境。

2. 创建旋转实体特征。

(1) 单击 ⊕ 按钮，启动旋转工具。

(2) 在设计面板中设置旋转参数，如图 6-18 所示。

图6-18 设计特征参数

(3) 在设计界面空白处长按鼠标右键，在弹出的快捷菜单中选择【定义内部草绘】命令。

(4) 选择 FRONT 面为草绘平面，单击鼠标中键。

(5) 绘制如图 6-19 所示的草绘截面，随后退出草绘环境。

(6) 单击鼠标中键创建旋转特征，结果如图 6-20 所示。

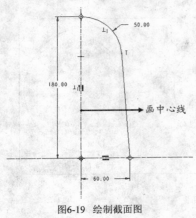

图6-19 绘制截面图

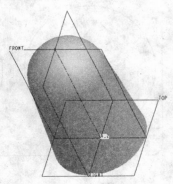

图6-20 最后创建的特征

任务二 使用曲面加厚方式创建底部结构

基础知识

创建三维模型时，除了直接使用实体建模手段构建实体模型外，曲线和曲面建模也是最常用的设计工具。其中，曲线是基础，一方面，曲线是围成曲面的边框和骨架；另一方面，曲线形状的可编辑性为构建复杂模型提供了技术可行性。

与实体建模方法相比，曲面设计工具更加丰富，技巧性更强。本项目将结合实体建模方法和曲面建模方法来完成模型的设计工作。帮助读者初步掌握曲面设计的基本方法以及曲面的基本用途，在下一个项目中将全面介绍曲面建模的方法和技巧。

【步骤解析】

1. 创建坐标系。

(7) 在模型树中选中默认坐标系，按 Delete 键将其删除。

(8) 单击 ✖ 按钮，启动基准坐标系工具。

(9) 按住 Ctrl 键依次选取 FRONT，RIGHT，TOP 面，单击鼠标中键在 3 个基准平面交点处创建坐标系。

提示
这里新建坐标系是为了使创建的曲线环绕到实体的表面，为后面将曲线投影到实体表面做好准备工作。

2. 创建基准曲线。

(1) 单击 ～ 按钮启动基准曲线工具。

(2) 在【曲线选项】菜单中选择【从方程】/【完成】命令，然后在模型树中选择新建的坐标系。

(3) 在【设置坐标】菜单中选择【圆柱】命令，输入方程如图 6-21 所示，保存后关闭对话框。

(4) 单击鼠标中键创建基准曲线，结果如图 6-22 所示。

3. 创建投影曲线。

(1) 选择【编辑】/【投影】命令。

(2) 在设计面板中单击 参照 按钮，打开【参数】上滑参数面板，如图 6-23 所示。

(3) 单击①处，选取上一步的基准曲线，如图 6-24 所示。

(4) 单击②处，按住 Ctrl 键选取实体的外表面作为投影面，如图 6-25 所示。

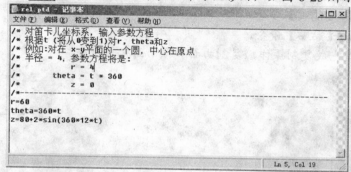

图6-21 输入参数方程

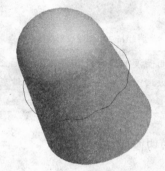

图6-22 最后创建的曲线

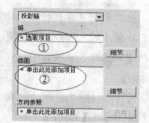

图6-23 参数面板

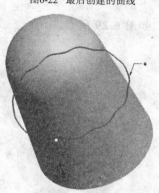

图6-24 选取曲线

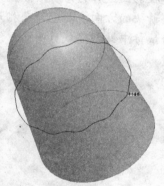

图6-25 选取曲面

(5) 在设计面板中设置投影方向为垂直于曲面，如图 6-26 所示。

图6-26 设置参数

(6) 单击鼠标中键创建投影曲线，如图 6-27 所示。

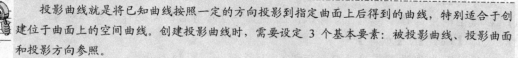

投影曲线就是将已知曲线按照一定的方向投影到指定曲面上后得到的曲线，特别适合于创建位于曲面上的空间曲线。创建投影曲线时，需要设定 3 个基本要素：被投影曲线、投影曲面和投影方向参照。

4. 复制曲面。

(1) 选取实体的外表面，如图 6-28 所示。

(2) 选择【编辑】/【复制】命令。

(3) 选择【编辑】/【粘贴】命令。

(4) 单击鼠标中键完成复制操作，复制曲面和源曲面完全重叠。

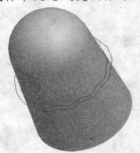
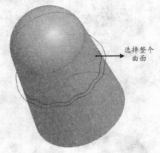

选择整个
曲面

图6-27 创建投影曲线   图6-28 创建投影曲线

提示

　　这里复制了实体特征的外表面，创建了新的曲面。曲面没有厚度，和实体表面完全重合。曲面就像布料，可以根据需要对其进行裁剪；曲面还可以增加厚度长出实体来。请读者认真领会稍后的操作，明确曲面设计的特点。

5. 裁剪曲面。

(1) 在模型树中选择"复制 1"标识，选中上一步复制的曲面。

(2) 选择【编辑】/【修剪】命令。

(3) 选择投影曲线作为修剪参照。

(4) 调整箭头的方向，黄色箭头指示的是保留的曲面侧，如图 6-29 所示。

(5) 单击鼠标中键创建裁剪曲面，结果如图 6-30 所示。

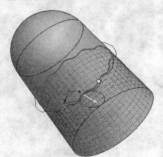

图6-29 调整保留曲面侧   图6-30 裁剪曲面后的结果

提示

　　修剪曲面是指根据需要裁去曲面上多余的部分。修剪时，通常需要使用能把曲面完全分割开曲线和平面作为参照，然后指定需要保留的部分，最后将不需要的部分裁去。曲面经过修剪操作后可以获得理想的形状，以方便后续操作。

6. 加厚曲面。

(1) 在模型树中选择"修剪 1"标识，选中上一步修剪后的曲面作为操作对象。

(2) 选择【编辑】/【加厚】命令。

(3) 在设计面板中设置厚度为 2，如图 6-31 所示。

图6-31 设置加厚参数

> 在默认情况下，黄色箭头指向外侧，如果不是外侧读者一定要进行调整，方法为：在设计面板中使用 ⚁ 按钮调整方向。指向外侧表示加厚方向向外，反之加厚方向向内。

(4) 单击鼠标中键完成加厚操作，结果如图 6-32 所示。

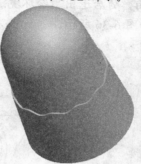

图6-32 加厚完成后的结果

7. 创建倒圆角特征

(1) 单击 ⬚ 按钮，启动倒圆角工具。

(2) 选取如图 6-33 所示的边线。

(3) 在设计面板中设置圆角半径为 2。

(4) 单击鼠标中键创建倒圆角特征，结果如图 6-34 所示。

图6-33 选取圆角参照

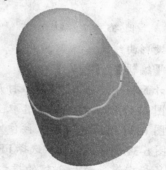

图6-34 创建圆角后的结果

任务三 使用曲面切剪方式创建上部结构

通过上一个任务我们明确了模型的建模思路：首先创建基准曲线，再复制模型表面获得曲面，接着将基准曲线投影到曲面上获得投影曲线，然后使用投影曲线分割曲面，保留需要的曲面侧，最后将保留的曲面加厚为实体模型。

在这个任务中，我们将使用同样的思路来创建模型上部的结构，所不同的是，最终将使用保留的曲面作为参照，在模型上切去材料。

学习完本任务后，请读者思考该模型还有没有其他建模方法。

【步骤解析】

1. 创建草绘曲线。

(1) 单击 按钮，启动草绘曲线工具。

(2) 选择 FRONT 面为草绘平面，然后单击鼠标中键确定。

(3) 绘制如图 6-35 所示的草绘截面，随后退出草绘环境。

(4) 完成草绘曲线的创建，结果如图 6-36 所示。

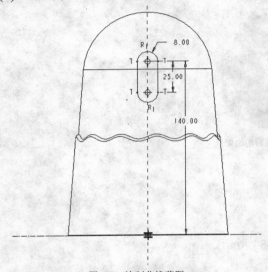

图6-35 绘制曲线草图

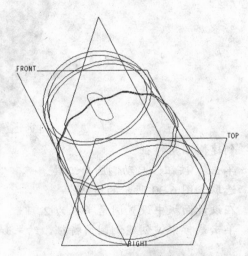

图6-36 创建草绘曲线

2. 创建投影曲线。

(1) 选择【编辑】/【投影】命令。

(2) 在设计面板中单击 参照 按钮，打开【参数】上滑参数面板，如图 6-37 所示。

(3) 单击图 6-37 所示的①处，选取上一步的草绘曲线。

(4) 单击图 6-37 所示的②处，按住 Ctrl 键选取实体的外表面作为投影面，如图 6-38 所示。

(5) 单击图 6-37 所示的③处，选择 FRONT 面作为方向参考，注意方向指向，如图 6-39 所示。

(6) 单击鼠标中键，最后创建的投影曲线如图 6-40 所示。

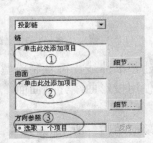

图6-37 参数面板

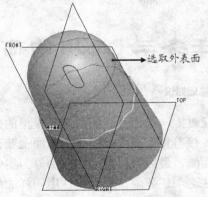

图6-38 选取投影面

3. 复制曲面。

(1) 按住 Ctrl 键选择如图 6-40 所示的外表面。

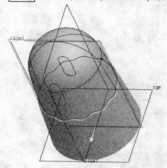

图6-39 投影方向

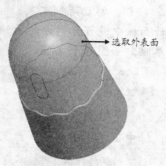

图6-40 最后创建的结果

(2) 选择【编辑】/【复制】命令后选择【编辑】/【粘贴】命令。

(3) 单击鼠标中键完成复制操作。

4. 裁剪曲面。

(1) 在模型树中选择"复制 2"标识，然后选择【编辑】/【修剪】命令。

(2) 选择图 6-41 所示的投影曲线作为修剪参照。

(3) 调整箭头的方向，黄色箭头指示的是保留的曲面侧，如图 6-41 所示。

(4) 单击鼠标中键创建修剪曲面，结果如图 6-42 所示。

图6-41 选取修剪参照

图6-42 修剪结果

5. 创建组。

选中模型树中的投影 2，复制 2，修剪 2，单击鼠标右键，弹出快捷菜单，选择【组】命令，创建组，如图 6-43 所示。

图6-43 创建特征组

6. 阵列组。

(1) 选中创建好的组。

(2) 单击 按钮，启动阵列工具。

(3) 在设计面板中设置阵列方向为轴，具体的参数设置如图 6-44 所示，其中选择 A_2 轴为阵列参照，如图 6-45 所示。

图6-44 阵列参数设置

(4) 单击鼠标中键完成阵列组，结果如图 6-46 所示。

> 这里的轴的标识有可能不是"A_2"，而是"A_3"或"A_1"等其他标识，这个依实际情况而定，选择的轴和旋转的轴一样，请仔细操作。

图6-45 选择参照轴线   图6-46 阵列结果

7. 加厚去除材料。

(1) 选中阵列前的曲面，如图 6-47 所示。

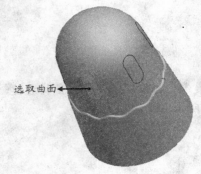

选取曲面 ←

图6-47 选取曲面

(2) 选择【编辑】/【加厚】命令，设计面板参数如图 6-48 所示。

(3) 注意箭头的方向，如图 6-49 所示。

图6-48 参数设置

图6-49 加厚方向

(4) 单击鼠标中键，创建加厚去除材料特征，结果如图 6-50 所示。

8. 创建参照阵列特征。

(1) 在模型树中选中"加厚 2"标识。

(2) 单击 ▦ 按钮，启动阵列工具。

(3) 单击鼠标中键，创建参照阵列特征，结果如图 6-51 所示。

图6-50 加厚结果

图6-51 参照阵列结果

任务四 使用可变剖面扫描方法创建特征

 基础知识

基本扫描建模时，将扫描截面沿一定的轨迹线扫描后生成曲面特征，虽然轨迹线的形式多样，但由于扫描剖面固定不变，所以最后创建的曲面相对也比较单一。可变剖面扫描使用可以变化的剖面创建扫描特征，可以创建出形状变化更为丰富的特征。

(1) 可变剖面的含义

可变剖面扫描的核心是剖面"可变"，剖面的变化主要包括以下几个方面。

- 方向：可以使用不同的参照确定剖面扫描运动时的方向。
- 旋转：扫描时可以绕指定轴线适当旋转剖面。
- 几何参数：扫描时可以改变剖面的尺寸参数。

(2) 框架

框架实质上是一个坐标系，该坐标系能带动其上的扫描剖面沿着扫描原始轨迹滑动。坐标系的轴由辅助轨迹和其他参照定义，如图 6-52 所示。

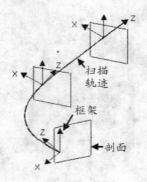

图6-52 框架的含义

 可变剖面扫描的创建原理: 将草绘剖面放置在框架上, 再将框架附加到扫描轨迹上并沿轨迹长度方向移动来创建扫描特征。框架的作用不可小视, 因为它决定着草绘沿原始轨迹移动时的方向。

(3) 可变剖面扫描的一般步骤

可变剖面扫描主要设计步骤如下。

- 创建并选取原始轨迹。
- 启动【可变剖面扫描】命令。
- 根据需要添加其他轨迹。
- 指定剖面控制及水平/垂直方向控制参照。
- 草绘截面。
- 预览几何并完成特征。

(4) 选取轨迹

在【插入】菜单中选择【可变剖面扫描】命令, 或在右工具箱中单击 按钮, 都可以打开如图 6-53 所示的设计图标板。

图6-53 设计工具

在图标板上单击 参照 按钮, 打开如图 6-54 所示的【参照】面板。

首先向面板顶部的轨迹列表中添加扫描轨迹。
在添加轨迹时, 如果同时按住 Ctrl 键可以添加任意多个轨迹。

可变剖面扫描时可以使用以下几种轨迹类型。

- 【原始轨迹】: 在打开设计工具之前选取的轨迹, 即基础轨迹线, 具备引导截面扫描移动与控制截面外形变化的作用, 同时确定截面中心的位置。

图6-54 【参照】面板

- 【法向轨迹】: 在扫描过程中, 扫描剖面始终保持与法向轨迹垂直。
- 【X轴迹】: 沿 X 坐标方向的轨迹线。

图 6-55 所示为扫描轨迹选取示例。

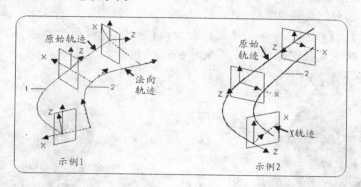

图6-55 扫描轨迹选取示例

 如图 6-55 所示，勾选轨迹列表中的【X】复选框使该轨迹成为 X 轨迹，但是第 1 个选取的轨迹不能作为 X 轨迹；勾选【N】复选框可使该轨迹成为法向轨迹；如果轨迹存在一个或多个相切曲面，则勾选【T】复选框。通常情况下，将原始轨迹始终设置为法向轨迹。

(5) 绘制剖面

设置完成参照后，单击 ☑ 按钮，打开二维草绘截面绘制剖面图，如图 6-56 所示。

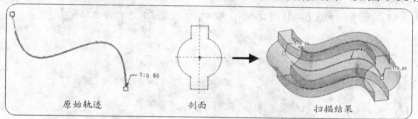

图6-56 绘制剖面图

【步骤解析】

1. 创建草绘曲线。

(1) 单击 ⬚ 按钮，启动草绘曲线工具。

(2) 选择 TOP 为草绘平面，以 RIGHT 面作为底参照，然后单击鼠标中键确定。

(3) 绘制如图 6-57 所示的草绘截面，随后退出草绘环境。

(4) 完成创建草绘曲线，结果如图 6-58 所示。

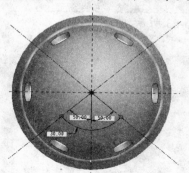

图6-57 曲线草图

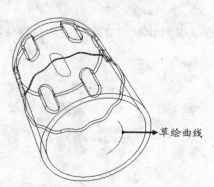

图6-58 完成的草绘曲线

2. 投影草绘曲线。

(1) 在模型树中选中"草绘 2"标识。

(2) 选择【编辑】/【投影】命令，选择投影曲面，如图 6-59 所示。

(3) 单击鼠标中键完成投影操作，结果如图 6-60 所示。

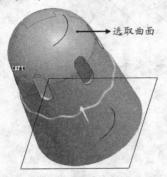

← 选取曲面

图6-59　选取投影曲面

图6-60　投影结果

3. 创建可变剖面扫描特征。

(1) 选择【插入】/【可变剖面扫描】命令。

(2) 选择图 6-60 所示的投影曲线为扫描轨迹。

(3) 单击☑按钮，绘制如图 6-61 所示的草绘截面，随后退出草绘环境。

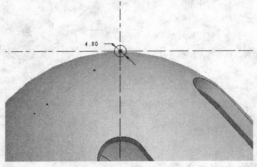

图6-61　草绘截面

(4) 在【选项】上滑参数卡中勾选【恒定剖面】和【封闭端点】复选框，如图 6-62 所示。

> **注意**　　恒定剖面是在沿扫描草绘时剖面保持不变，封闭端点是在两端点处创建曲面，从而不出现无面的情况。

(5) 单击鼠标中键创建可变剖面扫描特征，结果如图 6-63 所示。

图6-62　选项设置

图6-63　创建的特征

4. 创建倒圆角特征。

(1) 单击 按钮，启动倒圆角工具。

(2) 按住 Ctrl 键选择如图 6-64 所示的边线。

(3) 在设计面板中设置倒圆角半径为 2。

(4) 单击鼠标中键创建倒圆角特征，结果如图 6-65 所示。

图6-64 选取参照

图6-65 倒圆角结果

5. 创建实体化特征。

(1) 选中创建的可变剖面扫描特征。

(2) 选择【编辑】/【实体化】命令。

(3) 在设计面板上单击 按钮，注意去除材料的方向，如图 6-66 所示。

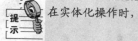 在实体化操作时，方向设置一样很关键，如果不确定可以先预览一下效果，然后再调整方向。

(4) 单击鼠标中键创建实体化特征，结果如图 6-67 所示。

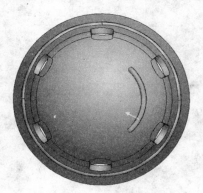

图6-66 调整去除材料的方向

图6-67 实体化结果

 这里也可以直接创建实体特征，请读者加以练习。同时请读者初步明确曲面设计的基本思想和原理，为后续深入学习曲面知识做准备。

6. 创建倒圆角特征。

(1) 单击 按钮，启动倒圆角工具。

(2) 按住 Ctrl 键选择如图 6-68 所示的边线。

(3) 在设计面板中设置倒圆角半径为 1.5。

(4) 单击鼠标中键创建倒圆角特征，结果如图 6-69 所示。

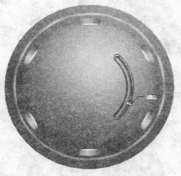
图6-68 选取参照

图6-69 倒圆角结果

7. 创建阵列特征。

(1) 在模型树中选择如图 6-70 所示的特征，单击鼠标右键创建组。

图6-70 创建特征组

(2) 单击 回 按钮，启动阵列工具。

(3) 在设计面板中设置参数如图 6-71 所示。

图6-71 设置阵列参数

(4) 单击鼠标中键创建阵列特征。

至此，本实例操作完成，最后效果如图 6-72 所示。

图6-72 设计结果

项目拓展——创建混合实体特征

一、混合实体特征的分类

拉伸、旋转和扫描建模都是由草绘截面沿一定轨迹运动来生成特征，但是在实际生活中，还有很多物体结构更加复杂，不能满足上述要求。要创建这种实体特征可以通过下面的混合实体特征来实现。

 对不同形状的物体进一步抽象不难发现，任意一个物体总可以看成由不同形状和大小的截面按照一定顺序连接而成，这个过程在 Pro/E 中称为混合。混合实体特征的创建方法丰富多样、灵活多变，是设计非规则形状物体的有效工具。

(1) 平行混合实体特征

平行混合实体特征是将相互平行的多个截面连接生成的实体特征。图 6-73 所示的实体模型由图示多个截面依次连接生成。如果将各个截面光滑过渡，最后生成的结果如图 6-74 所示，实体上的截面 A、截面 B、截面 C 和截面 D 相互平行。

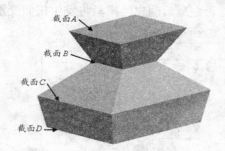

图6-73 平行混合实体特征 1

图6-74 平行混合实体特征 2

(2) 旋转混合实体特征

将相互并不平行的多个截面连接成实体特征。后一截面的位置由前一截面绕 Y 轴转过指定的角度来确定，如图 6-75 所示。该实体特征上的截面 A、截面 B 和截面 C 相互间绕 Y 轴（竖直坐标轴）转过 45°。

(3) 一般混合实体特征

连接构成实体特征的各截面具有更大的自由度。后一截面的位置由前一截面分别绕 X、Y 和 Z 轴转过指定的角度来确定，如图 6-76 所示。图中从截面 A 以后的截面都由前一截面分别绕 X、Y、Z 轴转过一定角度来确定其位置。

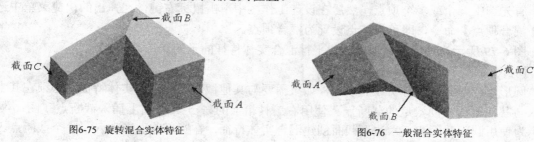

图6-75 旋转混合实体特征

图6-76 一般混合实体特征

二、混合实体特征的设计要点

(1) 混合实体特征对截面的要求

混合实体特征由多个截面相互连接生成，但是并非使用任意一组截面都可以创建混合实体特征，其中基本要求之一就是各截面必须有相同的顶点数。

图 6-77 所示的 3 个截面，尽管其形状差异很大，但是由于都由 5 条边线（5 个顶点）组成，所以可以用来生成混合实体特征，这是所有混合实体特征对截面的共同要求。

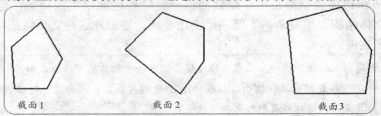

截面1　　　　　　　截面2　　　　　　　截面3

图6-77　混合实体特征对截面的要求

(2) 起始点

起始点是两个截面混合时的参照。两截面的起始点直接相连，其余各点再顺次相连。系统将把绘制截面时的第一个顶点设置为起始点，起始点处有一个箭头标记。

截面上的起始点在位置上要尽量对齐或靠近，否则最后创建的模型将发生扭曲变形，如图 6-78 所示。

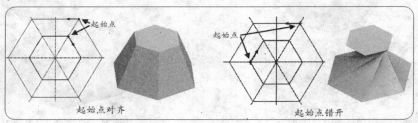

起始点对齐　　　　　　　　　　　　起始点错开

图6-78　起始点的应用

用户可以将任意点设置为起始点。首先选中该点，然后在设计工作区中单击鼠标右键，在弹出的快捷菜单中选择【起始点】命令，即可将该点设置为起始点。

(3) 混合顶点

当某一截面的顶点数比其他截面少时，要能正确生成混合实体特征，必须使用混合顶点。这样，该顶点就可以当两个顶点来使用，同时和其他截面上的两个顶点相连。

　　　起始点不允许设置为混合顶点。

首先选中一个或多个顶点，然后在设计工作区中单击鼠标右键，在弹出的快捷菜单中选择【混合顶点】命令，即可将该点设置为混合顶点。

图 6-79 所示为使用混合顶点创建平行混合实体特征的示例。

(4) 在截面上加入截断点

圆形这样的截面没有明显的顶点，如果需要与其他截面混合生成实体特征，必须在其上加入与其他截面相同数量的截断点。使用右工具箱上的 ☑ 工具在圆上插入截断点。图 6-80 所示为使用圆形截面和正六边形截面创建混合实体特征，在圆形截面上加入了 6 个截断点。

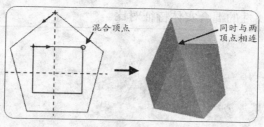

图6-79 混合顶点的应用

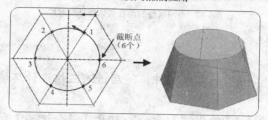

图6-80 在截面上加入截断点

 提示 圆周上插入的第一个截断点将作为混合时的起始点。

(5) 点截面的使用

创建混合实体特征时，点可以作为一种特殊截面与各种截面进行混合。点截面和相邻截面的所有顶点都相连构成混合实体特征，如图 6-81 所示。

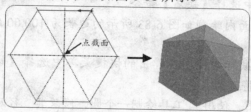

图6-81 点截面的使用

(6) 混合实体特征的属性

为特征设置不同的属性可以获得不同的设计结果。在创建混和特征时，系统打开【属性】菜单来定义混合实体特征的属性。

- **直的**

各截面之间采用直线连接，截面间的过渡存在明显的转折。在这种混合实体特征中可以比较清晰地看到不同截面之间的转接。

- **光滑**

各截面之间采用样条曲线连接，截面之间平滑过渡。在这种混合实体特征上看不到截面之间明显的转接。

- **开放**

顺次连接各截面形成旋转混合实体特征，实体起始截面和终止截面并不封闭相连。

- **闭合**

顺次连接各截面形成旋转混合实体特征，同时，实体起始截面和终止截面相连组成封闭实体特征。

图 6-82 所示为不同属性的混合实体特征对比。

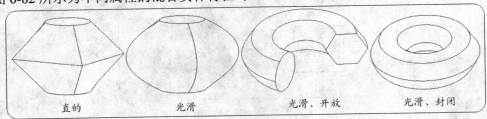

| 直的 | 光滑 | 光滑、开放 | 光滑、封闭 |

图6-82 不同属性的混合实体特征的对比

【步骤解析】

1. 新建文件。

   新建名为 "parallel_blend" 的零件文件，随后进入三维设计环境。

2. 创建第一个截面。

(1) 选择【插入】/【混合】/【伸出项】命令，打开【混合选项】菜单，接受菜单中的默认选项【平行】、【规则截面】、【草绘截面】和【完成】。

(2) 在【属性】菜单中选择【光滑】和【完成】命令。

(3) 系统弹出【设置草绘平面】菜单，接受菜单中的默认选项，选取基准平面 TOP 作为草绘平面。

(4) 在【方向】菜单中选择【正向】命令。

(5) 在【草绘视图】菜单中选择【缺省】命令。

(6) 使用 工具在草绘平面内绘制如图 6-83 所示的边长为 100.00 的正八边形截面。

3. 创建第二个截面图。

(1) 在设计工作区中长按鼠标右键，在弹出的快捷菜单中选择【切换截面】命令，这时上一步绘制的正八边形将变为灰色。

(2) 继续绘制第二个截面图。使用 工具绘制一个圆，修改其直径尺寸为 300.00，如图 6-84 所示。

(3) 使用 工具绘制中心线，如图 6-85 所示。

(4) 使用 工具在中心线和圆的交点处插入分割点。注意第一个点要与正八边形上的起始点位置相对应，否则最后创建的模型将发生扭曲变形，结果如图 6-86 所示。

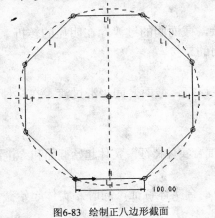

100.00

图6-83 绘制正八边形截面

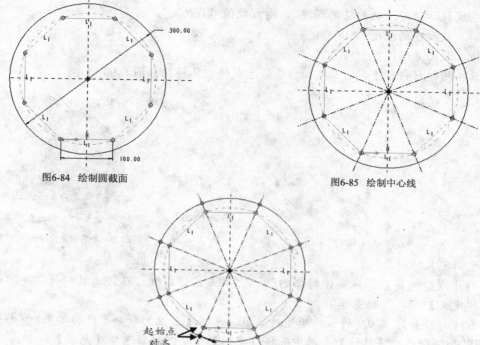

图6-84 绘制圆截面

图6-85 绘制中心线

图6-86 对齐起始点

4. 创建第三个截面。

(1) 在设计工作区中长按鼠标右键，在弹出的快捷菜单中选择【切换截面】命令，这时前两步绘制的截面将变为灰色。

(2) 使用圆工具创建第三个截面，即直径为180.00的圆，结果如图6-87所示。

(3) 使用上述方法在圆上插入8个分割点，注意起始点的设置，结果如图6-88所示。

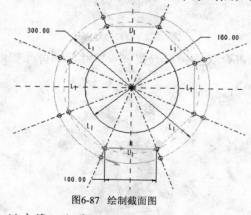

图6-87 绘制截面图

图6-88 设置起始点

5. 创建第四个截面。

(1) 使用切换工具切换到第四个截面。

(2) 使用 ✕ 工具在圆心处绘制一个点，如图6-89所示。

(3) 在右工具箱上单击 ✓ 按钮退出草绘模式。

(4) 设置截面之间的距离参数。

(5) 系统提示"输入截面 2 的深度",输入数值"100.00"。

(6) 输入截面 3 的深度"100.00"。

(7) 输入截面 4 的深度"50.00"。

(8) 单击模型对话框上的 确定 按钮,最后生成的实体特征如图 6-90 所示。

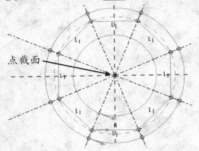

图6-89 绘制截面图

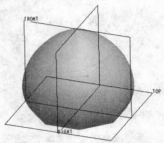

图6-90 最后创建的特征

6. 重新定义特征属性。

(1) 打开模型树窗口,在实体特征的标识上单击鼠标右键,在弹出的快捷菜单中选择【编辑定义】命令,如图 6-91 所示。

(2) 系统打开如图 6-92 所示的模型对话框,选择【属性】命令,然后单击 定义 按钮,在如图 6-93 所示的【属性】菜单中选择【直的】命令,然后选择【完成】命令。

图6-91 启动编辑定义工具

图6-92 模型对话框

(3) 单击模型对话框上的 确定 按钮,最后生成的混合实体特征如图 6-94 所示,由此可以看到组成模型的 4 个截面。

图6-93 属性菜单

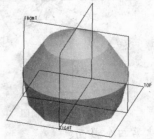

图6-94 编辑后的模型

创建混合实体特征时,系统将按照各截面绘制的先后顺序顺次将其连接生成实体特征。因此,在绘制截面图时,应该从模型一端的截面开始依次绘制各截面,直到另一端面所在的截面。另外,每一截面绘制完成后都必须进行尺寸标注以确定截面的大小。

实训

使用实体建模的基本方法创建图 6-95 所示的实体模型，设计时注意合理的特征建模顺序，并注意总结设计中的经验技巧，该模型的设计过程如图 6-96 所示。

图6-95 实体模型

图6-96 建模原理

项目小结

本例以吊钟为例，重点介绍了三维实体模型的一般设计过程，请读者注意领会特征建模的一般原理。明确拉伸、旋转等常用基础实体特征设计工具的特点和用途，明确倒圆角等工程特征工具的特点和用途。明确使用阵列工具来提高设计效率的设计要点。

要完成一项设计工作，仅仅使用实体建模工具还远不够，合理利用曲面和曲线工具可以增加设计的灵活性和多样性。本例介绍了投影曲线的创建过程，并且使用曲线作为参照来分割曲面，然后用曲面作为参照来创建实体模型。这些知识将在后续与曲面设计相关的内容中进一步深化。

思考与练习

1. 使用实体建模方法创建如图 6-97 所示的模型。
2. 使用实体建模方法创建如图 6-98 所示的模型。

图6-97 实体模型1

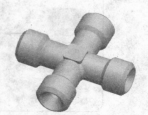

图6-98 实体模型2

项目七

掌握曲面设计的方法和技巧

　　曲面是构建复杂模型最重要的材料之一。回顾 CAD 技术的发展历程不难发现，曲面技术的发展为表达实体模型提供了更加有效的工具。在现代的复杂产品设计中，曲面应用广泛，例如汽车、飞机等具有漂亮的外观和优良的物理性能的表面结构通常使用参数曲面来构建。

　　本项目将通过如图 7-1 所示的笔筒的设计来帮助读者学习曲面建模的基本方法。

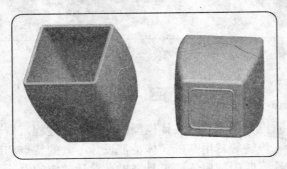

图7-1　最后创建的模型

　　设计时，首先使用边界混合工具创建模型外轮廓，然后使用扫描曲面方法创建模型顶部，接着使用填充方法创建模型底部，最后使用多种曲面和实体建模手段完善模型设计。整个建模原理如图 7-2 所示。

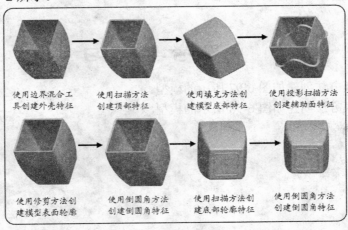

图7-2　模型的创建过程

- 掌握基本曲面特征的创建方法。
- 掌握边界混合曲面特征的创建原理和方法。
- 了解创建可变剖面扫描曲面特征的创建原理和方法。
- 掌握曲面的修剪操作和技巧。
- 掌握曲面合并操作的原理和技巧。
- 明确曲面的实体化原理和设计方法。

任务一 创建基础曲面

基础知识

一、创建拉伸曲面特征

曲面特征是一种几何特征，曲面特征没有质量和厚度等物理属性，这是与实体特征最大的差别。但是从创建原理来讲，曲面特征和实体特征却具有极大的相似性。

在右工具箱上选取拉伸工具，打开拉伸设计图标板，单击曲面设计工具按钮，创建曲面特征，如图 7-3 所示。在创建曲面特征之前，首先选取并放置草绘平面，然后绘制截面图，指定曲面深度后，即可创建拉伸曲面特征。

图7-3 拉伸工具

对曲面特征的截面要求不像对实体特征那样严格，用户既可以使用开放截面来创建曲面特征，也可以使用闭合截面，如图 7-4 所示。

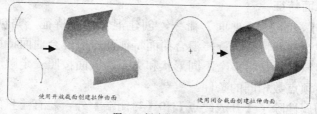

使用开放截面创建拉伸曲面　　　　使用闭合截面创建拉伸曲面

图7-4 创建曲面示例

采用闭合截面创建曲面特征时，还可以指定是否创建两端封闭的曲面特征，方法是在图标板上单击选项按钮，在参数面板上勾选【封闭端】复选框，如图 7-5 所示。

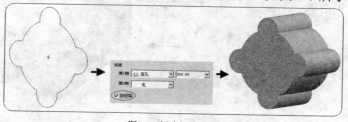

图7-5 创建闭合曲面

二、创建旋转曲面特征

在右工具箱上单击旋转工具按钮 ，打开旋转设计图标板，单击曲面设计工具按钮 ，正确放置草绘平面后，可以绘制开放截面或闭合截面创建曲面特征。在绘制截面图时，注意绘制旋转中心轴线，如图 7-6 所示。

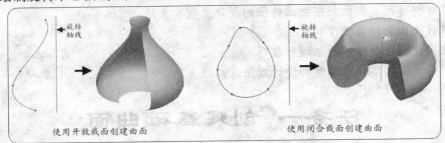

图7-6 创建旋转曲面特征

三、创建扫描曲面特征

选择【插入】/【扫描】/【曲面】命令，创建扫描曲面，设计过程主要包括设置扫描轨迹线以及草绘截面图两个基本步骤。在创建扫描曲面特征时，系统会弹出【属性】菜单来确定曲面创建完成后端面是否闭合。如果设置属性为【开放终点】，则曲面的两端面开放不封闭；如果属性为【封闭端】，则两端面封闭，如图 7-7 所示。

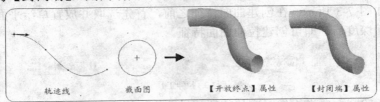

图7-7 创建扫描曲面特征

四、创建混合曲面特征

选择【插入】/【混合】/【曲面】命令，创建混合曲面特征。与创建混合实体特征相似，可以创建平行混合曲面特征、旋转混合曲面特征和一般混合曲面特征这 3 种曲面类型。混合曲面特征的创建原理也是将多个不同形状和大小的截面按照一定顺序顺次相连，因此各截面之间也必须满足顶点数相同的条件。

混合曲面特征的属性除了【开放终点】和【封闭端】外，还有【直的】和【光滑】两种属性，主要用于设置各截面之间是否光滑过渡，如图 7-8 所示。

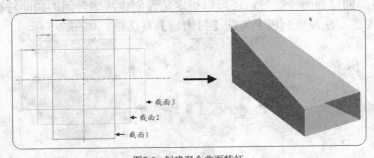

图7-8 创建混合曲面特征

五、创建边界混合曲面特征

边界混合曲面的创建原理具有典型代表性，首先构建曲线围成曲面边界，然后填充曲线边界构建曲面。设计时，可以在一个方向上指定边界曲线，也可以在两个方向上指定边界曲线。此外，为了获得理想的曲面特征，还可以指定控制曲线来调节曲面的形状。

选择【插入】/【边界混合】命令或单击右工具箱上的 按钮，打开如图 7-9 所示的设计工具即可创建边界混合曲面。

图7-9 设计工具

(1) 使用一个方向上的曲线创建边界混合曲面。

单击图标板上的 曲线 按钮，弹出参数面板，激活【第一方向】列表框后，按住 Ctrl 键依次选取如图 7-10 所示的曲线 1、曲线 2 和曲线 3 作为边界曲线创建边界混合曲面。如果勾选【闭合混合】复选框，可以将第一条曲线和第三条曲线混合生成封闭曲面。

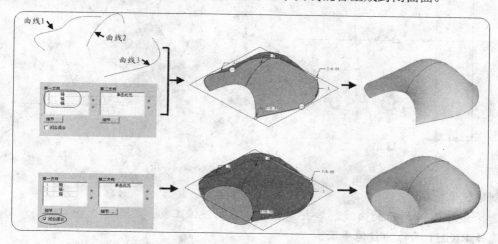

图7-10 使用一个方向上的曲线创建边界混合曲面

(2) 创建双方向上的边界混合曲面。

创建两个方向上的边界混合曲面时，除了指定第一个方向的边界曲线外，还必须指定第二个方向上的边界曲线。如图 7-11 所示，按住 Ctrl 键选取曲线 1 和曲线 3 作为第一个方向上的边界曲线后，在图标板上单击第二个 单击此处添加 以激活该文本框，选取曲线 2 和曲线 4 作为第二个方向的边界曲线，创建的边界混合曲面特征。

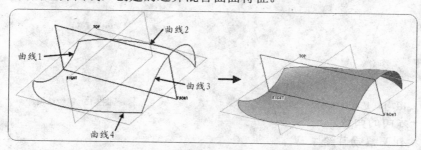

图7-11 使用一个方向上的曲线创建边界混合曲面

【步骤解析】

1. 新建零件文件。

   新建名为"PEN_BOX"的零件文件,使用默认设计模板进入三维建模环境。

2. 创建草绘曲线。

(1) 单击 █ 按钮,启动草绘工具。

(2) 选择 FRONT 面为草绘平面,以 RIGHT 面作为右参考,单击鼠标中键确定。

(3) 绘制如图 7-12 所示的草绘截面,随后退出草绘环境。

(4) 完成草绘曲线,结果如图 7-13 所示。

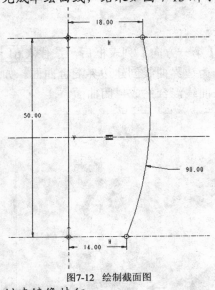

图7-12 绘制截面图

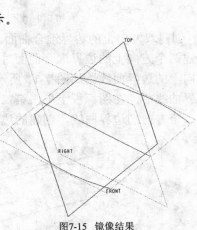

图7-13 最后创建的草绘曲线

3. 创建镜像特征。

(1) 选择如图 7-14 所示的曲线,单击 ▓ 按钮,启动镜像工具。

(2) 选择 RIGHT 面作为镜像平面。

(3) 单击鼠标中键完成镜像操作,结果如图 7-15 所示。

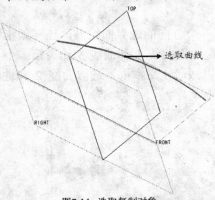

图7-14 选取复制对象

图7-15 镜像结果

4. 创建另一方向的曲线。

(1) 单击 █ 按钮,启动草绘工具。

(2) 选择 RIGHT 面为草绘平面,以 TOP 面作为顶参考,单击鼠标中键确定。

(3) 绘制如图 7-16 所示的草绘截面，随后退出草绘环境。

(4) 完成草绘曲线，结果如图 7-17 所示。

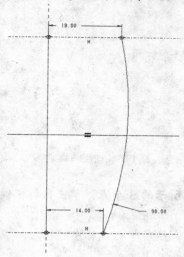

图7-16 曲线草图

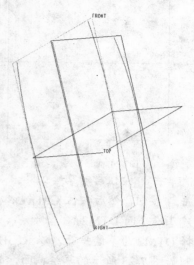

图7-17 最后创建的曲线

(5) 使用上述的镜像方法，选择 FRONT 面为镜像平面，将绘制的曲线进行镜像操作，结果如图 7-18 所示。

5. 创建草绘曲线。

(1) 单击 按钮，启动草绘工具。

(2) 单击 按钮，然后按住 Ctrl 键依次选取如图 7-19 所示的 3 个点，单击鼠标中键确定，创建基准平面 DTM1。

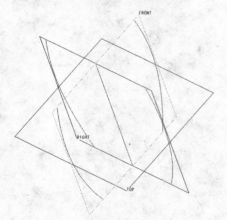

图7-18 镜像结果

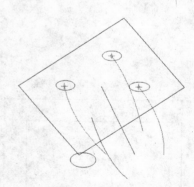

图7-19 选取参照

(3) 选择 DTM1 为草绘平面，以 RIGHT 面作为顶参考，然后单击鼠标中键。

(4) 绘制如图 7-20 所示的草绘截面，随后退出草绘环境。

> 提示 在绘制草绘时，首先选取默认坐标系作为参照，然后选择如图 7-20 所示的点作为参照点绘制草绘，这里绘制的图形为一个正方形，请读者注意。

(5) 完成创建草绘曲线，结果如图 7-21 所示。

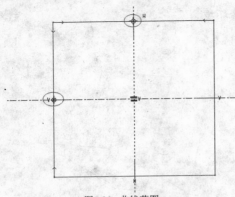

图7-20　曲线草图

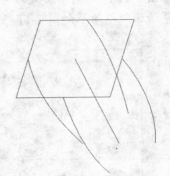

图7-21　创建曲线

(6)　再次单击 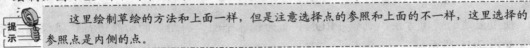按钮启动草绘工具。

(7)　单击 □ 按钮，然后按住 Ctrl 键依次选取如图 7-22 所示的 3 个点，单击鼠标中键确定，创建基准平面 DTM2。

(8)　选择 DTM2 为草绘平面，以 RIGHT 面作为底参考，然后单击鼠标中键确定。

(9)　绘制如图 7-23 所示的草绘截面，随后退出草绘环境。

> 提示　这里绘制草绘的方法和上面一样，但是注意选择点的参照和上面的不一样，这里选择的参照点是内侧的点。

(10)　完成创建草绘曲线，结果如图 7-24 所示。

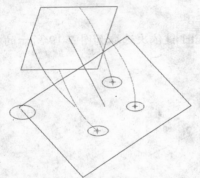

图7-22　选取参照点

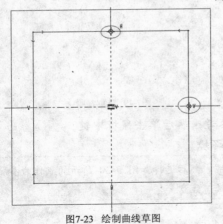

图7-23　绘制曲线草图

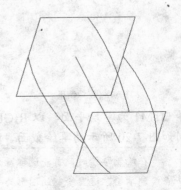

图7-24　最后创建的曲线

6. 创建边界混合特征。

(1) 单击 🖉 按钮，启动边界混合工具。

(2) 在设计图标板上激活第一方向链，按住 Ctrl 键选择如图 7-25 所示的两条链。

(3) 在设计图标板上激活第二方向链，按住 Ctrl 键选择如图 7-26 所示的 4 条链。

(4) 单击鼠标中键创建边界混合特征，结果如图 7-27 所示。

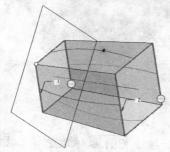

图7-25 选取第一方向参照链

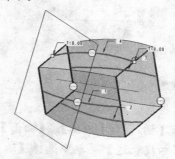

图7-26 选取第二方向参照链

图7-27 最后创建的曲面

7. 创建倒圆角特征。

(1) 单击 🖉 按钮，启动倒圆角工具。

(2) 在图标板上单击 设置 按钮，打开【设置】上滑参数面板，如图 7-28 所示。

(3) 在【设置】上滑参数面板中单击①处，添加一条如图 7-29 所示的边。

(4) 单击【设置】上滑参数面板中的②处，然后单击鼠标右键添加新的半径，设置倒圆角参数，如图 7-30 所示。结果如图 7-31 所示。

(5) 重复步骤（3）（4），为剩下的 3 条曲线进行倒圆角设置，参数设置一样。

(6) 操作完成后单击鼠标中键创建倒圆角特征，结果如图 7-32 所示。

> **注意** 在选择其他曲线时，一定要按住 Ctrl 键进行选择。思考：能不能先将 4 条曲线选中后再进行参数设置，如果能，怎么设置？

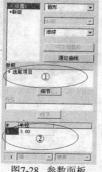

图7-28 参数面板

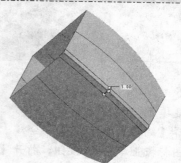

图7-29 选取参照

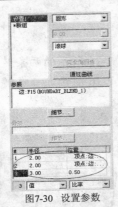

图7-30 设置参数

图7-31 预览效果

8. 创建扫描曲面特征。

(1) 选择【插入】/【扫描】/【曲面】命令。

(2) 在【扫描轨迹】菜单中选择【选取轨迹】命令，然后按住 Ctrl 键依次选择如图 7-33 所示的轨迹，单击鼠标中键进入【方向】菜单。

图7-32 最后创建的倒圆角

→ 选取轨迹

图7-33 选取轨迹线

(3) 在【方向】菜单中采用默认方向，单击鼠标中键进入【曲线连接】菜单。

(4) 在【曲线连接】菜单中采用默认设置，单击鼠标中键进入草绘环境。

(5) 绘制如图 7-34 的草绘截面，随后退出草绘环境。

 注意   绘制方法为：从上到下绘制一条高为 1.5 的线段。

(6) 单击鼠标中键完成创建扫描特征，结果如图 7-35 所示。

图7-34 绘制截面图

图7-35 设计结果

9. 创建填充曲面特征。

(1) 选择【编辑】/【填充】命令。

(2) 在图标板上单击 参照 按钮，打开【参照】上滑参数面板，单击 定义... 按钮。

(3) 单击 □ 按钮，创建基准平面。

(4) 选择 TOP 平面，然后按住 Ctrl 键选择如图 7-36 所示下底面的参照边。

(5) 单击鼠标中键完成基准平面 DTM3 的创建。

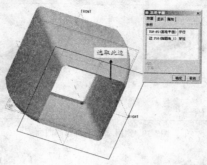

图7-36 选取设计参照

(6) 选择 DMT3 为草绘平面，以 RIGHT 平面作为顶参考，方向反向。

(7) 单击 草绘 按钮，进入草绘环境。

(8) 使用 □ 工具，绘制如图 7-37 所示的草绘截面，随后退出草绘环境。

(9) 单击鼠标中键创建填充特征，结果如图 7-38 所示。

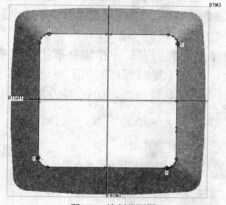

图7-37 绘制截面图

图7-38 设计结果

任务二 编辑曲面特征

一、修剪曲面特征

在三维实体建模中，曲面特征是一种常用的设计材料。使用各种方法创建的曲面特征并不一定正好满足设计要求，这时可以采用多种操作方法来编辑曲面，就像裁剪布料制作服装一样，可以将多个不同曲面特征进行编辑后拼装为一个曲面，最后由该曲面创建实体特征。

修剪曲面特征是指裁去指定曲面上多余的部分以获得理想大小和形状的曲面。首先选取需要修剪的曲面特征，选择【编辑】/【修剪】命令或在右工具箱上单击 □ 按钮，都可以选中曲面修剪工具。

如图 7-39 所示，选取被修剪的曲面特征，选取基准平面 FRONT 作为修剪对象，确定这两项内容后，系统使用一个黄色箭头指示修剪后保留的曲面侧，另一侧将会被裁去，单击图标板上的 按钮可以调整箭头的指向以改变保留的曲面侧。

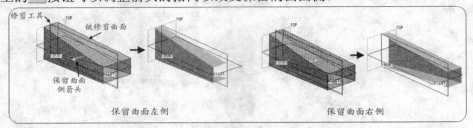

图7-39 使用基准平面修剪曲面

二、复制曲面特征

使用曲面复制的方法也可以创建已有曲面的副本。选择曲面特征后，选取【编辑】/【复制】命令或在上工具箱上单击 按钮，或者使用快捷键 Ctrl+C 都可以启用曲面复制工具。选择【编辑】/【粘贴】命令或在上工具箱上单击 按钮，或者使用快捷键 Ctrl+V 启用粘贴工具，创建曲面的副本。

复制生成的曲面和原曲面完全重叠，由模型树窗口可以看出复制曲面特征确实存在。

镜像复制的原理在实体建模中已介绍过。选取曲面特征后，选择【编辑】/【镜像】命令或在右工具箱上单击 按钮，都可以选中镜像复制工具。

单击图标板上的 参照 按钮打开参数面板，在【镜像平面】列表框中指定基准平面或实体表面作为镜像参照，单击 选项 按钮打开选项参数面板，勾选【复制为从属项】复选框后，复制曲面和原始曲面具有主从关系，修改源曲面后复制曲面自动被修改，如图 7-40 所示。

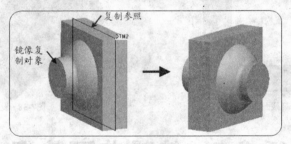

图7-40 镜像复制曲面

三、合并曲面特征

使用曲面合并的方法可以把多个曲面合并生成单一曲面特征，这是曲面设计中的一个重要操作。当模型上具有多个独立曲面特征时，首先选取参与合并的两个曲面特征（在模型树窗口或者模型上选取一个曲面后，按住 Ctrl 键再选取另一个曲面），然后选择【编辑】/【合并】命令或在右工具箱上单击 按钮，系统打开如图 7-41 所示的合并图标板。

图7-41 合并图标板

在图标板上有两个 按钮，分别用来确定合并曲面时每一曲面上保留的曲面侧。

如图 7-42 所示，选取合并的两个相交曲面后，分别单击两个 按钮调整保留的曲面侧，系统用黄色箭头指示要保留的曲面侧，可以获得 4 种不同的设计结果。

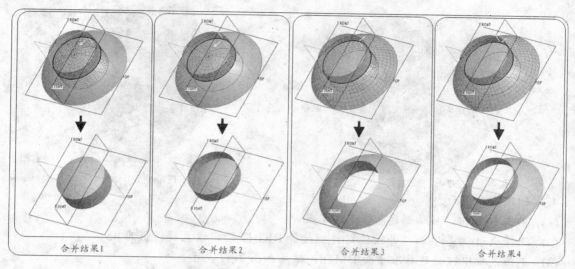

图7-42 曲面合并示例

【步骤解析】

1. 合并曲面特征。

(1) 按住 Ctrl 键选择模型树中的"倒圆角1"和"曲面"标识。

(2) 选择【编辑】/【合并】命令。

(3) 单击鼠标中键创建合并特征。

(4) 按住 Ctrl 键选择模型树中的"填充1"和"合并1"标识，使用上述方法进行合并操作。

(5) 单击鼠标中键创建合并特征。

2. 创建倒圆角特征。

(1) 单击 ⌐ 按钮，启动倒圆角工具。

(2) 选择如图 7-43 所示的边。

(3) 设置倒圆角半径为 2。

(4) 单击鼠标中键创建倒圆角特征，如图 7-44 所示。

图7-43 选取参照

图7-44 设计结果

3. 创建基准轴。

(1) 单击 ／ 按钮，启动基准轴工具。

(2) 选择模型内部的参照边，按住 Ctrl 键选择终点，如图 7-45 所示。

(3) 单击鼠标中键创建基准轴 A_1 特征，结果如图 7-46 所示。

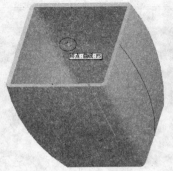

图7-45 选取参照

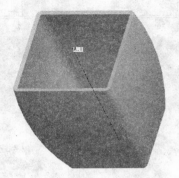

图7-46 设计结果

4. 创建基准平面。

(1) 单击 □ 按钮，启动创建基准平面工具。

(2) 选择 A_1 为基准轴，并按住 [Ctrl] 键选择 RIGHT 面，设置旋转值为 45。

(3) 单击鼠标中键创建基准平面 DMT4，结果如图 7-47 所示。

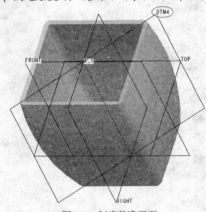

图7-47 创建基准平面

5. 创建投影曲线。

(1) 选择【编辑】/【投影】命令。

(2) 在图标板上单击 参照 按钮，打开【参照】上滑参数面板，选择【投影草绘】选项，如图 7-48 所示。

(3) 单击 定义... 按钮，选择 DMT4 为草绘平面，以 TOP 平面作为顶参考。

(4) 绘制如图 7-49 所示的草绘截面，随后退出草绘环境。

图7-48 参数面板

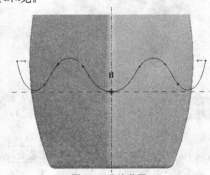

图7-49 曲线草图

这一步的草绘图很关键，读者在草绘时一定要注意草绘图形的形状，不然会导致后面倒圆角特征的创建失败，以及后面实体化模型出现线交叉的错误，这里的尺寸不做严格的要求。本书在素材中提供了草绘的数据文件，可以进行导入操作。

(5) 在图7-50所示的图标板上，单击①处选择外表面为投影曲面，结果如图7-51所示。

图7-50 图标板

(6) 单击图标板上的②处，选取一个平面来指定投影方向，这里选择DMT4面。

(7) 单击鼠标中键创建投影曲线，结果如图7-52所示。

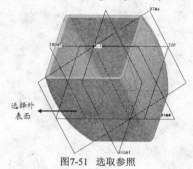

图7-51 选取参照

图7-52 设计结果

6. 创建扫描特征。

(1) 选择【插入】/【扫描】/【曲面】命令。

(2) 在【扫描轨迹】菜单中选择【选取轨迹】命令，然后选择如图7-53所示的轨迹。

(3) 连续单击3次鼠标中键，进入草绘环境。

(4) 绘制如图7-54的草绘截面，随后退出草绘环境。

(5) 单击鼠标中键完成创建扫描特征，结果如图7-55所示。

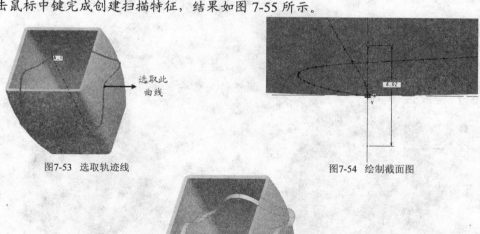

图7-53 选取轨迹线

图7-54 绘制截面图

图7-55 扫描结果

7. 创建偏距特征。

(1) 选择模型的表面。

(2) 选择【编辑】/【偏移】命令。

(3) 设置偏移值为 1，注意方向指向模型内部，如图 7-56 所示。

(4) 在图标板的【选项】上滑参数面板中，勾选【创建侧曲面】复选框，如图 7-57 所示。

(5) 单击鼠标中键创建偏距特征，结果如图 7-58 所示。

图7-56 调整偏距方向

图7-57 选项设置

图7-58 设计结果

8. 创建修剪特征。

(1) 选择模型的内表面，如图 7-59 所示。

(2) 选择【编辑】/【修剪】命令。

(3) 选择上一步创建的曲面为修剪参照，调整箭头方向如图 7-60 所示。

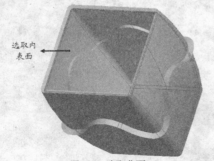

图7-59 选取曲面

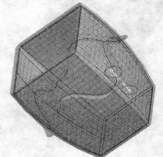

图7-60 选取修剪参照

(4) 单击鼠标中键创建修剪特征，结果如图 7-61 所示。

(5) 继续创建修剪特征，选择模型外表面，如图 7-62 所示。

(6) 选择【编辑】/【修剪】命令。

图7-61 修剪结果

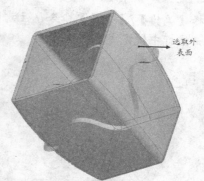

选取外表面

图7-62 选取曲面

(7) 选择投影线为修剪参照，注意调整箭头方向，如图 7-63 所示。

(8) 单击鼠标中键创建修剪特征，结果如图 7-64 所示。

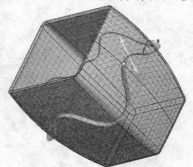

图7-63 修剪参照

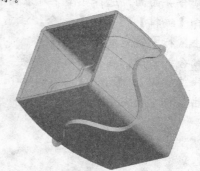

图7-64 修剪结果

9. 复制曲面。

(1) 选择如图 7-65 所示的面。

(2) 选择【编辑】/【复制】命令。

(3) 选择【编辑】/【粘贴】命令，完成创建复制特征。

10. 合并曲面。

(1) 在模型树中选择"修剪2"与"复制1"标识。

(2) 选择【编辑】/【合并】命令，注意箭头的方向向内，如图 7-66 所示，单击鼠标中键完成合并操作。

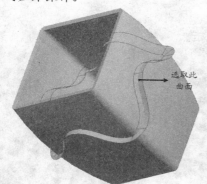

选取此曲面

图7-65 选取复制对象

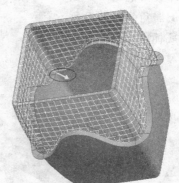

图7-66 保留曲面侧设置

(3) 继续合并曲面，选择如图 7-67 所示的曲面。

(4) 选择【编辑】/【合并】命令，注意箭头的方向向外，如图 7-68 所示。

(5) 单击鼠标中键完成合并操作。

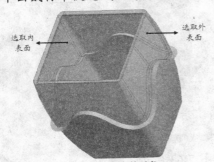

图7-67 选取合并对象

图7-68 保留曲面侧设置

(6) 继续合并曲面，选择模型下外表面和中部的曲面。

(7) 选择【编辑】/【合并】命令，注意箭头的方向向内，如图 7-69 所示。

(8) 单击鼠标中键完成合并操作。

(9) 继续合并曲面，在模型树中选择"修剪 1"与"合并 5"标识。

(10) 选择【编辑】/【合并】命令，如图 7-70 所示，注意箭头的方向向外。

(11) 单击鼠标中键完成合并操作。

图7-69 保留曲面侧设置

图7-70 保留曲面侧设置

11. 创建倒圆角特征。

(1) 单击 按钮，启动倒圆角工具。

(2) 选择外表面的边，如图 7-71 所示。

(3) 设置倒圆角半径为 0.5。

(4) 单击鼠标中键创建倒圆角特征，结果如图 7-72 所示。

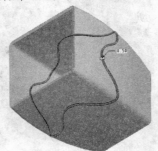

图7-71 选取参照

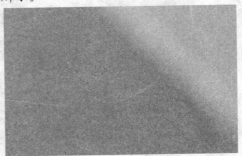

图7-72 最后创建的倒圆角

(5) 再次单击 按钮启动倒圆角工具。

(6) 选择上表面的边，如图 7-73 所示。

(7) 设置倒圆角半径为 0.5。

(8) 单击鼠标中键创建倒圆角特征，结果如图 7-74 所示。

图7-73 选取参照

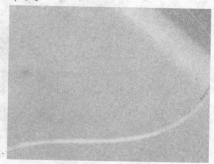

图7-74 最后创建的倒圆角

12. 创建扫描曲面。

(1) 选择【插入】/【扫描】/【曲面】命令。

(2) 在【扫描轨迹】菜单中选择【草绘轨迹】命令。

(3) 选择笔筒下底面为草绘平面，如图 7-75 所示，然后单击中键。

(4) 在【方向】菜单中选择方向为反向，使箭头方向指向模型外部，单击两次中键进入草绘环境。

(5) 绘制如图 7-76 所示的轨迹线，随后退出草绘环境。

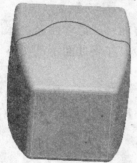

图7-75 选取草绘平面

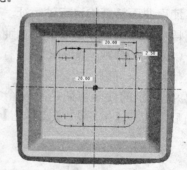

图7-76 绘制轨迹线

(6) 在【属性】菜单中保持默认属性，单击鼠标中键。

(7) 绘制如图 7-77 所示的草绘截面，随后退出草绘环境。

(8) 单击鼠标中键完成创建扫描特征，结果如图 7-78 所示。

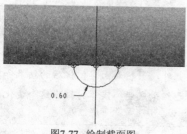

图7-77 绘制截面图

图7-78 最后创建的曲面

13. 合并曲面特征。

(1) 在模型树中选择上一步创建的特征和"合并6"标识。

(2) 选择【编辑】/【合并】命令，如图7-79所示，注意箭头的方向向内。

(3) 单击鼠标中键完成合并操作。

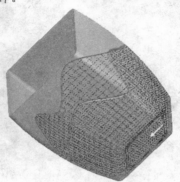

图7-79 设置合并参数

任务三 曲面的实体化操作

 基础知识

一、使用曲面特征构建实体特征

曲面特征的重要用途之一就是由曲面围成实体特征的表面，然后将曲面实体化，这也是现代设计中对复杂外观结构的产品进行造型设计的重要手段。在将曲面特征实体化时，既可以创建实体特征也可以创建薄板特征。

图 7-80 所示的曲面特征是由 6 个独立的曲面特征经过 5 次合并后围成的闭合曲面。选取该曲面后，选择【编辑】/【实体化】命令，打开如图 7-81 所示的设计图标板。

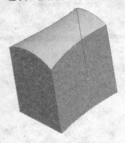

图7-80 合并后的曲面

参照 属性

图7-81 设计工具

通常情况下，系统选取默认的实体化设计工具 □ ，因为将该曲面实体化生成的结果唯一，因此可以直接单击图标板上的 ✓ 按钮生成最后的结果。

 提示

　　注意，这种将曲面实体化的方法只适合闭合曲面。另外，虽然曲面实体化后的结果和实体化前的曲面在外形上没有多大区别，但是曲面实体化后已经彻底变为实体特征，这个变化是质变，这样所有实体特征的基本操作都适用于该特征。

对于位于实体模型外部的曲面，如果曲面边界全部位于实体特征外表面或内部，可以在曲面内填充实体材料构建实体特征，如图 7-82 所示。

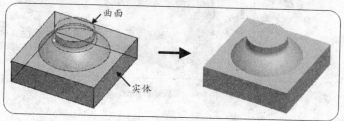

图7-82 在曲面内填充实体材料构建实体特征

对于位于实体模型内部的曲面，如果曲面边界全部位于实体特征外表面或外部，可以切除曲面对应部分的实体材料，如图 7-83 所示。

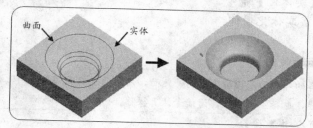

图7-83 切除曲面对应部分的实体材料

二、曲面的加厚操作

除了使用曲面构建实体特征外，还可以使用曲面构建薄板特征。构建薄板特征时，对曲面的要求相对宽松得多。一般来说，任意曲面特征都可以构建薄板特征，当然对于特定曲面来说，不合理的薄板厚度也可能导致构建薄板特征失败。

选取曲面特征后，选择【编辑】/【加厚】命令，系统弹出如图 7-84 所示的加厚设计图标板。

图7-84 加厚设计图标板

使用图标板上默认的 □ 工具可以加厚任意曲面特征，在图标板上的文本框中输入加厚厚度，系统使用黄色箭头指示加厚方向，单击 ⊿ 按钮，调整加厚方向，如图 7-85 所示。

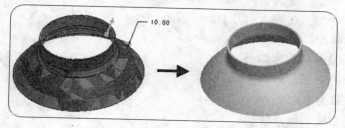

图7-85 加厚曲面

选取实体特征内部的曲面特征后，选择【编辑】/【加厚】命令，打开设计工具。在图标板上单击 ⊿ 按钮，可以在实体内部进行薄板修剪。系统用箭头指示薄板修剪的方向，单击 ⊿ 按钮可以改变该方向，设置修剪厚度后，即可获得修剪结果，如图 7-86 所示。

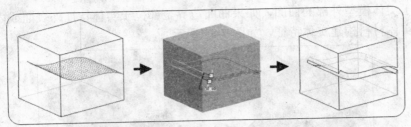

图7-86　薄板修剪曲面

【步骤解析】

1. 曲面实体化特征。

(1) 在模型树中选择"合并7"标识。

(2) 选择【编辑】/【实体化】命令。

(3) 单击鼠标中键完成实体化操作。

2. 合并曲面特征。

(1) 选择图 7-87 所示的曲面。

> 提示　　这里选择的外侧面是模型上部的外侧面，内侧面是前面"偏距 1"创建的侧曲面，在图中标注不明显，也标注不方便，请读者认真操作。

(2) 选择【编辑】/【合并】命令。

(3) 单击鼠标中键完成合并操作。

3. 创建实体化特征。

(1) 在模型树中选择"合并8"标识。

(2) 选择【编辑】/【实体化】命令。

(3) 单击鼠标中键完成实体化操作。

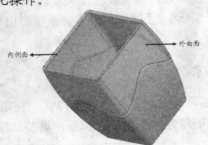

内侧面　　　　　　　外曲面

图7-87　选取合并对象

4. 创建倒圆角特征。

(1) 单击 🔽 按钮，启动倒圆角工具。

(2) 选择笔筒口径的下边，如图 7-88 所示。

(3) 设置倒圆角半径为 0.4。

(4) 单击鼠标中键创建倒圆角特征。

(5) 再次单击 🔽 按钮，启动倒圆角工具。

(6) 选择笔筒口径内侧的下部边线，如图 7-89 所示。

(7) 设置倒圆角半径为 0.4。

(8) 单击鼠标中键创建倒圆角特征。

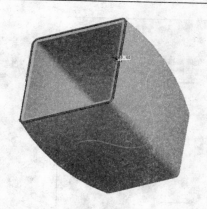

图7-88 选取参照1

图7-89 选取参照2

至此，本实例操作完成，最后效果如图7-90所示。

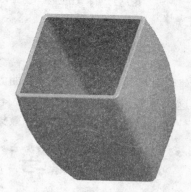

图7-90 最终的设计结果

实训

主要使用曲面建模方法来创建风扇叶片，设计结果如图7-91所示。

图7-91 风扇叶片

设计中综合使用多种曲面设计方法以及曲面合并、曲面实体化等工具，基本设计过程如图7-92所示。

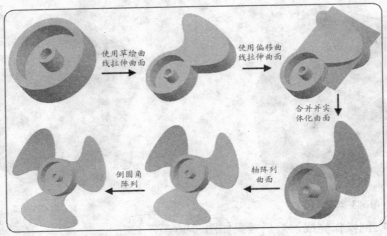

图7-92 基本设计过程

项目小结

　　本例主要讲述了曲面在三维实体建模中的应用技巧。曲面虽然没有厚度和质感，但是可以方便地用来构建实体外形，这对于创建形状复杂的模型大有帮助。实际设计中，曲面建模工具和实体建模工具常常结合使用，以创建出满意的设计效果。

思考与练习

1.　分析如图 7-93 所示的曲面应该采用什么方法创建。

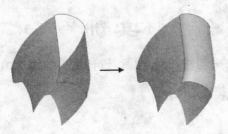

图7-93 曲面特征

2.　综合使用曲面建模和实体建模方法创建如图 7-94 所示的手机壳模型。

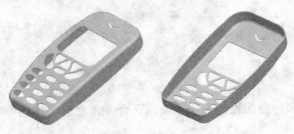

图7-94 手机壳模型

项目八

创建参数化模型

参数是参数化设计中的核心概念，在一个模型中，参数是通过"尺寸"的形式来体现的。参数化设计的突出优点在于可以通过变更参数的方法来方便地修改设计意图，从而修改设计结果。本项目将介绍参数化齿轮模型的设计方法，在参数间引入关系后可以轻松变更设计意图，其基本建模过程如图 8-1 所示。

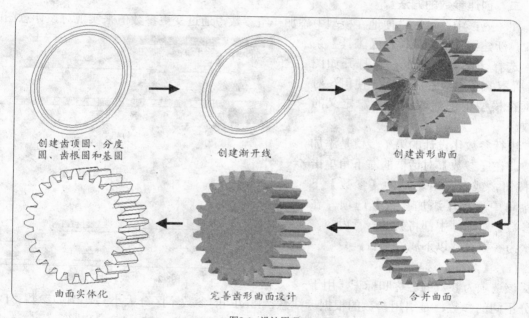

创建齿顶圆、分度圆、齿根圆和基圆　　　创建渐开线　　　创建齿形曲面

曲面实体化　　　完善齿形曲面设计　　　合并曲面

图8-1 设计原理

学习目标

- 明确参数及其应用。
- 明确关系式及其应用。
- 掌握创建参数化模型的基本方法。
- 理解参数化齿轮的设计方法。

任务一 创建参数

一、参数的含义

在前面的建模过程中，我们已经初步掌握了通过尺寸来约束特征形状和位置的一般方法，并且理解了"尺寸驱动"的含义，也进一步体会了通过"尺寸驱动"方法来创建模型的优势和特点。

在实际设计中，我们常常会遇到这样的问题：有时候我们需要创建一种系列产品，这些产品在结构特点和建模方法上都具有极大的相似之处，如一组不同齿数的齿轮、一组不同直径的螺钉等。如果能够对一个已经设计完成的模型做简单的修改就可以获得另外一种设计结果（例如将一个具有 30 个轮齿的齿轮改变为具有 40 个轮齿的齿轮），那将大大节约设计时间，增加模型的利用率。要实现这种设计方法，可以借助"参数"来实现。

二、创建参数的方法

在 Pro/E 中，可以方便地在模型中添加一组参数，通过变更参数值来实现对设计意图的

修改。新建零件文件后，在【工具】菜单中选择【参数】命令，将打开如图8-2 所示的【参数】对话框，使用该对话框在模型中创建或编辑用户定义的参数。

进行参数化设计的第 1 步就是添加参数。在【参数】对话框的左下角单击
按钮，或者在对话框的【参数】下拉菜单中选择【添加参数】选项，在【参数】对话框中都将新增一行内容，依次为参数设置以下属性项目。

(1) 【名称】选项

该选项为参数的名称和标识，用于

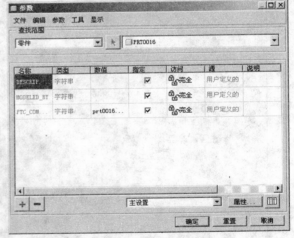

图8-2 【参数】对话框

区分不同的参数，是引用参数的根据。注意，Pro/E 的参数不区分大小写，例如参数"D"和参数"d"是同一个参数。参数名不能包含非字母数字字符，如!、"、@和#等。

 用于关系的参数必须以字母开头，而且一旦设定了用户参数的名称，就不能对其进行更改。

(2) 【类型】选项

该选项为参数指定类型，可以选用的类型如下。

- 【整数】：整型数据，如齿轮的齿数等。
- 【实数】：实数数据，如长度、半径等。
- 【字符串】：符号型数据，如标识等。

- 【是否】: 二值型数据, 如条件是否满足等。

(3) 【数值】选项

该选项为参数设置一个初始值, 该值可以在随后的设计中修改, 从而变更设计结果。

(4) 【访问】选项

该选项为参数设置访问权限。可以选用的访问权限有以下3项。

- 【完全】: 无限制的访问权限, 用户可以随意访问参数。
- 【限制】: 具有限制权限的参数。
- 【锁定】: 锁定的参数, 这些参数不能随意更改, 通常由关系决定其值。

(5) 【源】选项

该选项指明参数的来源, 常用的来源有以下两项。

- 【用户定义的】: 用户定义的参数, 其值可以自由修改。
- 【关系】: 由关系驱动的参数, 其值不能自由修改, 只能由关系来确定。

 在参数之间建立关系后可以将由用户定义的参数变为由关系驱动的参数。

三、删除参数

如果要删除某一个参数, 可以首先在【参数】对话框的参数列表中选中该参数, 然后在对话框底部单击 ━ 按钮删除该参数。但是不能删除由关系驱动的或在关系中使用的用户参数。对于这些参数, 必须先删除其中使用参数的关系, 然后再删除参数。

【步骤解析】

1. 新建零件文件。

(1) 在上工具箱中单击 □ 按钮, 打开【新建】对话框, 在【类型】列表框中选择【零件】选项, 在【子类型】列表框中选择【实体】选项, 在【名称】文本框中输入 "gear"。

(2) 取消勾选【使用缺省模板】复选框。单击 确定(O) 按钮, 打开【新文件选项】对话框, 选中其中的【mmns_part_solid】选项, 如图 8-3 所示, 最后单击 确定(O) 按钮, 进入三维实体建模环境。

2. 设置齿轮参数。

(1) 在【工具】菜单中选择【参数】命令, 打开【参数】对话框。

(2) 在对话框中单击 ✚ 按钮, 然后将齿轮的各参数依次添加到参数列表框中, 添加的具体内容如表 8-1 所示,

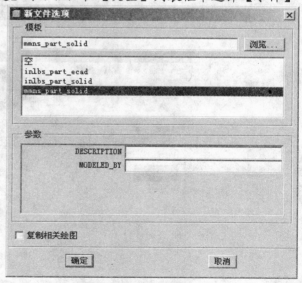

图8-3 【新文件选项】对话框

添加完参数的【参数】对话框如图 8-4 所示。完成齿轮参数添加后, 单击 确定(O) 按钮, 关闭对话框, 保存参数设置。

表 8-1   参数及其数值

序号	名称	类型	数值	说明
1	M	实数	2	模数
2	Z	整数	25	齿数
3	Alpha	实数	20	压力角
4	Hax	实数	1	齿顶高系数
5	Cx	实数	0.25	顶隙系数
6	B	实数	20	齿宽
7	Ha	实数	-	齿顶高
8	Hf	实数	-	齿根高
9	X	实数		变位系数
10	Da	实数		齿顶圆直径
11	Db	实数		基圆直径
12	Df	实数		齿根圆直径
13	D	实数		分度圆直径

    在设计标准齿轮时，只需确定齿轮的模数 M 和齿数 Z 这两个参数，分度圆上的压力角 Alpha 为标准值 20，齿顶高系数 Hax 和顶隙系数 Cx 国家标准明确规定分别为 1 和 0.25，而齿根圆直径 Df、基圆直径 Db、分度圆直径 D 及齿顶圆直径 Da 可以根据关系式计算得到。

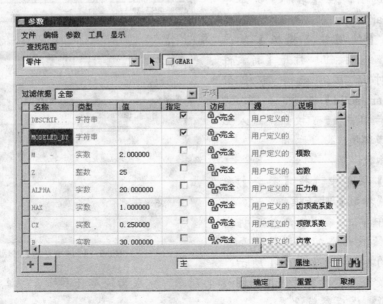

图8-4 【参数】对话框

任务二 使用关系创建齿轮模型

一、创建关系

关系是参数化设计的另一个重要要素，通过关系可以在参数和对应模型之间引入特定的主从关系。当参数值变更后，通过这些关系来规范模型再生后的形状和大小。

在【工具】菜单中选择【关系】命令，可以打开如图 8-5 所示的【关系】对话框，在这里使用文本输入的形式编辑关系式。

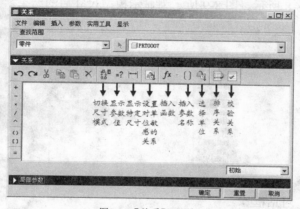

图8-5 【关系】对话框

单击对话框底部的【局部参数】按钮，可以在对话框底部显示参数窗口，用于显示模型上已经创建的参数，如图 8-6 所示。

图8-6 参数窗口

二、将参数与模型尺寸相关联

在参数化设计中，通常需要将参数和模型上的尺寸相关联，这主要是通过在【参数】对话框中编辑关系式来实现的。

(1) 创建模型

按照前面的介绍，我们在为长方体模型创建了 L、W 和 H 这 3 个参数后，再使用拉伸的方法创建如图 8-7 所示的模型。

(2) 显示模型尺寸

要在参数和模型上的尺寸之间建立关系，首先必须显示模型尺寸。比较简单快捷显示模型尺寸的方法是在模型树窗口相应的特征上单击鼠标右键，然后在弹出的快捷菜单中选择【编辑】命令，如图 8-8 所示。图 8-9 所示为显示模型尺寸后的结果。

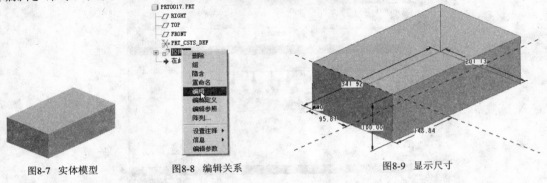

图8-7 实体模型　　　　图8-8 编辑关系　　　　图8-9 显示尺寸

(3) 打开【关系】对话框

当模型上显示特征尺寸后，在【工具】菜单中选择【关系】命令，可以打开【关系】对话框。注意，此时模型上的尺寸将以代号的形式显示，如图 8-10 所示。

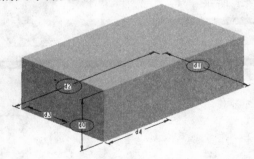

图8-10 显示模型上的符号尺寸

(4) 编辑关系式

接下来就可以编辑关系了。设计者可以直接在键盘上输入关系，也可以单击模型上的尺寸代号并配合【关系】对话框左侧的运算符号按钮来编辑关系。按照如图 8-11 所示为长方体的长、宽、高 3 个尺寸与 L、W 和 H 等 3 个参数之间建立关系。编辑完成后，单击对话框中的 确定 按钮，保存关系。

(5) 再生模型

在【编辑】菜单中选择【再生】命令或在上工具箱中单击 按钮，再生模型。系统将使用新的参数值（L=30、W=40 和 H=50）更新模型，结果如图 8-12 所示。

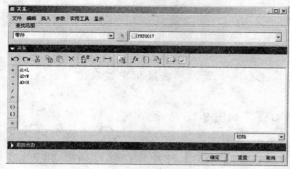

图8-11 编辑关系

图8-12 再生后的模型

(6) 增加关系

如果希望将该长方体模型改为正方体模型，可以再次打开该对话框，继续添加如图 8-13 所示的关系即可。图 8-14 所示为再生后的模型。

图8-13 增加关系

图8-14 再生后的模型

 注意关系"W＝L"与关系"L＝W"的区别，前者用参数 L 的值更新参数 W 的值，建立该关系后，参数 W 的值被锁定，只能随参数 L 的改变而改变，如图 8-15 所示，后者的情况刚好相反。

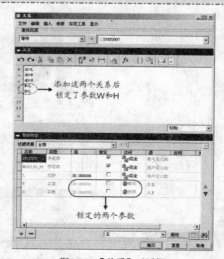

图8-15 【关系】对话框

【步骤解析】

1. 绘制齿轮基本圆。

(1) 单击 按钮启动草绘工具。

(2) 选取 FRONT 面作为草绘平面，接受其他参照设置，单击鼠标中键确定，进入二维草绘界面。

(3) 在草绘平面内绘制任意尺寸的 4 个同心圆，如图 8-16 所示。

2. 创建齿轮关系式，确定齿轮尺寸。

(1) 在【工具】菜单中选择【关系】命令，打开【关系】对话框，此时图形上的尺寸将以代号的形式显示，如图 8-17 所示。

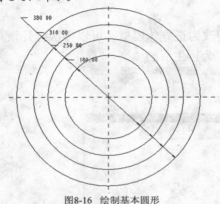

图8-16　绘制基本圆形

(2) 按照如图 8-18 所示，在【关系】对话框中分别添加齿轮的分度圆直径、基圆直径、齿根圆直径及齿顶圆直径的关系式，通过这些关系式及已知的参数来确定上述参数的数值。

Ha=(Hax+X)*M

Hf=(Hax+Cx-X)*M

D=M*Z

Da=D+2*Ha

Db=D*cos(Alpha)

Df=D-2*Hf

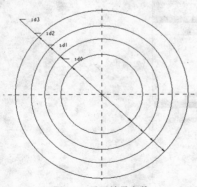

图8-17　显示符号参数

图8-18　添加关系式

(3) 将参数与图形上的尺寸相关联。在图形上单击选择尺寸代号，将其添加到【关系】对话框中，再编辑关系式，添加完毕后的【关系】对话框如图 8-19 所示，完成后在对话

框中单击 ☑ 按钮校验关系式中有无语法错误。其中为尺寸 sd0、sd1、sd2 和 sd3 新添加了关系，将这 4 个圆依次指定为基圆、齿根圆、分度圆和齿顶圆。

sd0=Db

sd1=Df

sd2=D

sd3=Da

(4) 在【关系】对话框中单击 确定 按钮，系统自动根据设定的参数和关系式再生模型并生成新的基本尺寸，生成如图 8-20 所示的标准齿轮基本圆。在右工具箱中单击 ✔ 按钮，退出草绘环境，最后创建的基准曲线如图 8-21 所示。

图8-19 添加关系式

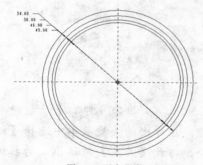

图8-20 再生曲线

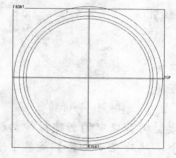

图8-21 最后创建的基本曲线

3. 创建渐开线。

(1) 单击 ～ 按钮，打开【曲线选项】菜单，在该菜单中选择【从方程】命令，然后选择【完成】选项。

(2) 系统提示选取坐标系，在模型树窗口中选择当前默认的坐标系，然后在【设置坐标类型】菜单中选择【笛卡尔】选项，系统打开一个记事本编辑器。

(3) 在记事本中添加以下渐开线方程式，如图 8-22 所示，完成后保存并关闭记事本窗口。

r=Db/2

theta=t*45

x=r*cos(theta)+r*sin(theta)*theta*pi/180

y=r*sin(theta)-r*cos(theta)*theta*pi/180

z=0

 提示　若选择其他类型的坐标系生成渐开线，则此方程不再适用。

(4) 单击【曲线：从方程】对话框中的 确定 按钮，完成齿轮单侧渐开线的创建。然后在右工具箱中单击 ✔ 按钮，最后生成如图 8-23 所示的齿廓渐开线。

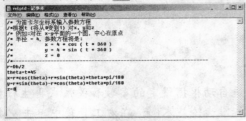

图8-22 编辑曲线方程

图8-23 最后创建的渐开线

4. 创建拉伸曲面。

(1) 在右工具箱中单击 按钮，打开拉伸设计工具，单击 按钮，创建曲面特征，选择基准平面 FRONT 平面为草绘平面，接受默认参照进入草绘模式。

(2) 使用 工具选择上一步创建的渐开线，如图 8-24 所示。曲面深度可以先给任意值，最后得到的拉伸曲面如图 8-25 所示。

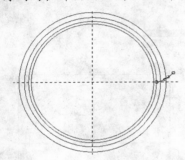

图8-24 选取曲线

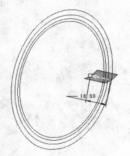

图8-25 拉伸曲面

(3) 在模型树窗口中的新建拉伸曲面上单击鼠标右键，在弹出的快捷菜单中选择【编辑】命令，然后在【工具】菜单中选择【关系】命令，打开【关系】对话框，为拉伸深度尺寸 d4 添加关系 "d4=B"，使曲面深度和齿宽相等，如图 8-26 所示。

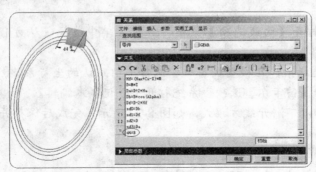

图8-26 添加关系式

5. 延伸曲面。

(1) 选取图 8-27 所示的曲面边，选择【编辑】/【延伸】命令，打开设计图标板，单击 选项 按钮打开上滑面板，选择延伸方式为【切线】，如图 8-28 所示。任意设置延伸距离，最后得到的延伸曲面如图 8-29 所示。

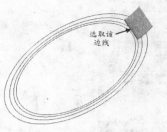

图8-27 选取延伸参照

图8-28 选项设置

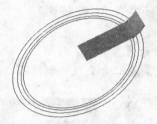

图8-29 延伸结果

(2) 使用前面创建关系的方法，为曲面延伸距离创建关系"d5=d0/2"，使曲面延伸距离和齿根圆的半径相等，如图 8-30 所示。

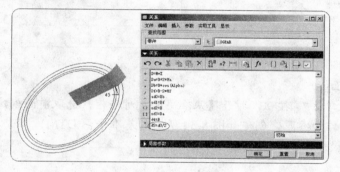

图8-30 添加关系式

(3) 在上工具箱中单击 按钮，再生后的模型如图 8-31 所示。

图8-31 再生后的模型

6. 创建基准特征。

(1) 创建基准轴。

在右工具箱上单击 按钮，打开【基准轴】对话框，选取基准平面 TOP 和基准平面 RIGHT 作为参照，经过两个平面交线创建基准轴 A-1，如图 8-32 所示。

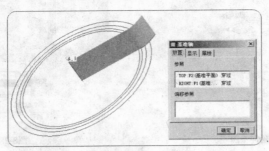

图8-32 创建基准轴

(2) 创建基准点。

在右工具箱上单击 按钮，打开【基准点】对话框，选取曲线 d2（分度圆，从外至内的第二个圆）和渐开线作为参照，在二者交点处创建基准点 PNT0，如图 8-33 所示。

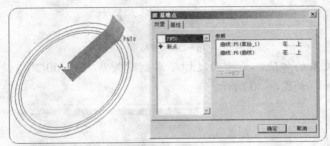

图8-33 创建基准点

(3) 创建基准平面 1。

在右工具箱上单击 按钮，打开【基准平面】对话框，选取前面创建的基准轴 A-1 和基准点 PNT0 作为参照，创建如图 8-34 所示的基准平面 DTM1。

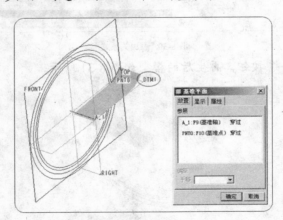

图8-34 创建基准平面 1

(4) 创建基准平面 2。

再次打开基准平面工具，选取基准轴 A-1 和基准平面 DTM1 作为参照，将基准平面 DTM1 绕轴 A-1 转过一定角度后创建如图 8-35 所示的基准平面 DTM2，设置转过的角度为任意值。

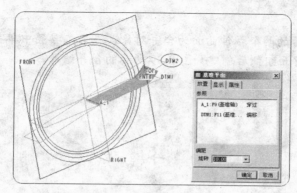

图8-35 创建基准平面2

(5) 仿照前面创建关系的方法，为创建基准平面 DTM2 时的旋转角度输入创建关系 "d7=90/z"，如图 8-36 所示。

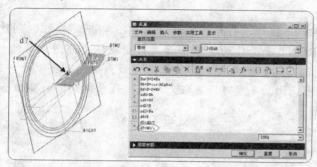

图8-36 添加关系式

(6) 单击 按钮，再生后的模型如图 8-37 所示。

7. 镜像曲面。

(1) 选取前面创建的曲面为复制对象，然后在右工具箱中单击 按钮打开镜像复制工具。

(2) 选取 DTM2 作为镜像平面，最后得到的镜像结果如图 8-38 所示。

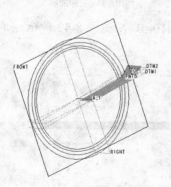

图8-37 再生后的模型

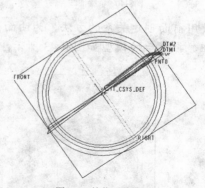

图8-38 镜像后的曲面

被复制曲面由拉伸曲面和延伸曲面两个面片组成，为了一次选中这两个面片，应该在设计界面右下角的过滤器下拉列表中选择【面组】选项，把这两个面片作为面组使用。在后面的合并和阵列操作中注意类似操作。

8. 合并曲面。

选取镜像复制前后的两个拉伸曲面为合并对象，在右工具箱中单击 按钮打开曲面合并工具，确定保留面组侧后创建如图 8-39 所示的合并结果。

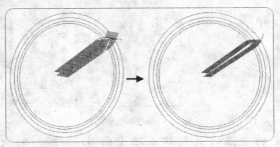

图8-39 合并曲面

9. 创建拉伸曲面。

(1) 在右工具箱中单击 按钮，打开拉伸设计工具，单击 按钮，创建曲面特征。

(2) 选取基准平面 FRONT 平面作为草绘平面，接受默认参照进入草绘模式。

(3) 使用 按钮，通过【环】方式选取齿根线 $d0$（最内侧的曲线）作为草绘截面，如图 8-40 所示，完成后退出。曲面高度可以先任意取值，最后得到的拉伸曲面如图 8-41 所示。

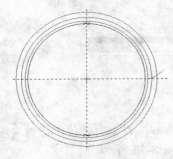

图8-40 草绘曲线

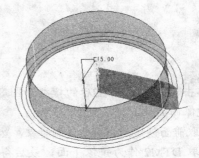

图8-41 拉伸曲面

(4) 使用前面创建关系的方法，为曲面高度创建关系 "d10=B"，如图 8-42 所示。单击 按钮，再生后的模型如图 8-43 所示。

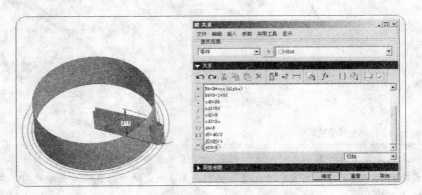

图8-42 创建关系式

图8-43 再生后的模型

10. 复制面组。

(1) 选中合并后的面组，在上工具箱中单击 按钮，再单击 按钮，打开选择性粘贴图标板。

(2) 选取基准轴 A_1 作为方向参照。单击 变换 按钮，打开上滑面板，在下拉列表中选择【旋转】选项，旋转角度可以输入任意值，如图 8-44 所示。单击 选项 按钮，打开上滑面板，取消勾选【隐藏原始几何】复选框，最后创建的面组如图 8-45 所示。

图8-44 参数设置

图8-45 复制结果

(3) 使用前面创建关系的方法，为复制时的旋转角度创建关系 "d19=360/z"，如图 8-46 所示。再生结果如图 8-47 所示。

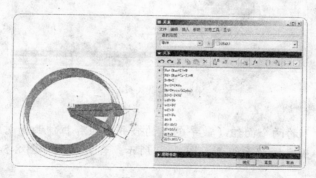

图8-46 创建关系

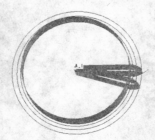

图8-47 再生结果

11. 阵列面组。

(1) 在模型树窗口中选中上一步创建的旋转复制面组，然后在右工具箱中单击 ▦ 按钮，打开阵列设计工具。

(2) 选取阵列方式为"尺寸"，并选择角度尺寸 14.4° 作为驱动尺寸，如图 8-48 所示，角度尺寸增量和特征总数取任意值。最后创建的阵列特征如图 8-49 所示。

图8-48 选取驱动尺寸

图8-49 阵列结果

(3) 使用前面创建关系的方法，为阵列时的旋转角度创建关系"d20=360/z"。

(4) 继续为阵列特征总数创建关系"p21=z-1"，如图 8-50 所示。单击 ▦ 按钮，再生模型，结果如图 8-51 所示。

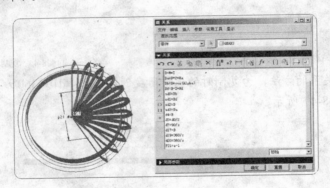

图8-50 创建关系式

12. 合并面组。

(1) 选中图 8-52 所示的两个面组（最早创建的合并面组和拉伸曲面），然后单击 ▱ 按钮，打开合并工具，确定保留面组侧如图 8-53 所示，合并结果如图 8-54 所示。

图8-51 再生后的结果

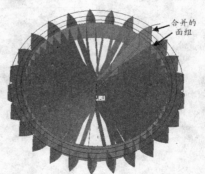

合并的面组

图8-52 选取合并对象

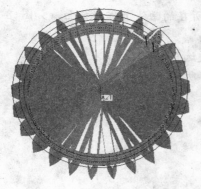

图8-53 确定保留侧

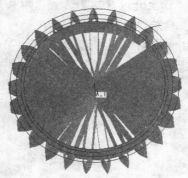

图8-54 合并结果

(2) 在模型树窗口中展开阵列特征，单击选中其下第一个特征标识，选中阵列原始特征，按住 Ctrl 键再选中拉伸曲面为合并对象，然后打开合并工具，按照如图 8-55 所示确定曲面保留侧，合并结果如图 8-56 所示。

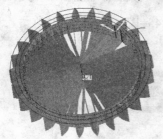

图8-55 确定保留侧

图8-56 合并结果

13. 阵列合并面组。

(1) 在模型树窗口刚刚创建的合并特征上单击鼠标右键，在弹出的快捷菜单中选择【阵列】命令，如图 8-57 所示。

(2) 单击鼠标中键，完成阵列操作，结果如图 8-58 所示。

图8-57 执行阵列操作

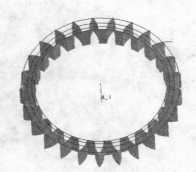

图8-58 阵列结果

14. 创建拉伸曲面。

(1) 在右工具箱中单击 按钮，打开拉伸设计工具，单击 按钮创建曲面特征。

(2) 选取基准平面 FRONT 平面为草绘平面，接受默认参照进入二维模式。

(3) 使用 ⬚ 工具以【环】方式选取曲线 d3（齿顶圆所在的曲线）作为截面，如图 8-59 所示，然后退出草绘模式。

(4) 单击 选项 按钮，打开上滑面板，勾选【封闭端】复选框。

(5) 任意设置拉伸深度创建拉伸曲面，结果如图 8-60 所示。

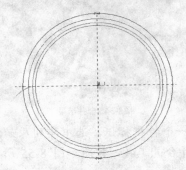

图8-59　草绘曲线

图8-60　创建拉伸曲面

(6) 使用前面创建关系的方法，为曲面高度创建关系 "d45=B"，如图 8-61 所示。单击 ⬚ 按钮，再生后的模型如图 8-62 所示。

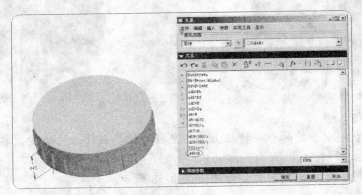

图8-61　创建关系式

图8-62　再生后的模型

15. 合并曲面。

(1) 选取前面创建的合并曲面和上一步创建的拉伸曲面为合并对象，如图 8-63 所示，然后单击 ⬚ 按钮，打开合并工具。

(2) 确定保留面组侧如图 8-64 所示，合并结果如图 8-65 所示。

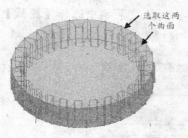

选取这两个曲面

图8-63 选取合并对象

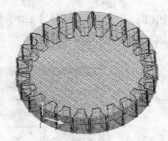

图8-64 确定保留侧

16. 实体化模型。

(1) 选中上一步创建的合并面组,在【编辑】菜单中选择【实体化】命令打开实体化工具。

(2) 单击鼠标中键,创建实体模型,结果如图 8-66 所示。

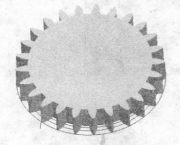

图8-65 合并结果

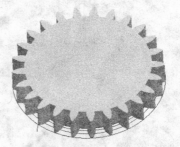

图8-66 实体化结果

提示

到这一步已经完成了参数化标准直齿圆柱齿轮的建立。读者可以看出,在创建这个齿轮的过程中,首先是设置了齿轮的相关参数,然后在建模的过程中使用了大量的关系式,目的就是为了达到参数化的效果,这样可以带来更改的方便,也有利于在以后的工作中使用类似的齿轮。

任务三 修改参数以变更设计意图

基础知识

参数为模型的修改提供了入口。在模型中嵌入参数后,也就为后续模型的修改提供了简便的修改接口。重新设定参数数值后,再生模型时,通过关系的制约作用来保证设计结果的正确性。使用这种方法来建模可以大大提高模型的重用性。

要重新修改模型参数,可以选择【工具】/【参数】命令,打开【参数】对话框后,修改参数,再生模型,也可以通过程序来编辑修改命令,下面分别介绍这两种方法的详细设计过程。

【步骤解析】

1. 修改齿轮参数方法 1。

(1) 选择【工具】/【参数】命令,打开【参数】对话框,将齿轮模数修改为 1.5,齿数修改为 40,齿宽修改为 5,如图 8-67 所示。

(2) 单击 按钮,便可得到更改后的齿轮,再生后的模型如图 8-68 所示。

(3) 在模型树窗口顶部选择【显示】/【层数】命令,打开图层管理窗口,在项目

【03__PRT_ALL_CURVES】上单击鼠标右键，在弹出的快捷菜单中选择【隐藏】命令隐藏基准曲线，结果如图 8-69 所示。

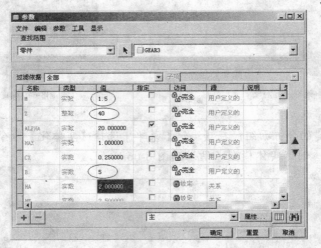

图8-67 【参数】对话框

图8-68 再生后的模型

图8-69 隐藏曲线后的模型

提示　　用这种方法虽然可以控制零件参数进行新齿轮零件的设计，但是显然还做得不够，特别是定义的参数如果很多，有的参数其实并不需要进行额外更新，这时就需要在原有基础上更上一层楼，通过 PROGRAM 命令来实现更方便的处理、更高的效率。

2. 修改齿轮参数方法2。

(1) 选择【工具】/【程序】命令，打开菜单管理器，选择【编辑设计】选项。在程序编辑中 INPUT 和 END INPUT 两个关键词中间插入下面的内容，如图 8-70 所示。

```
INPUT
M   NUMBER
"输入 M 的新值："
Z   NUMBER
"输入 Z 的新值："
B   NUMBER
"输入 B 的新值："
END INPUT
```

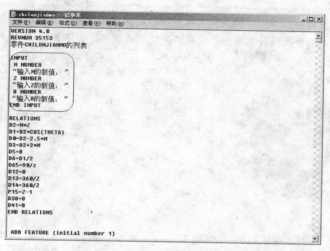

图8-70 文本编辑器

这里输入字母大小写的效果是相同的，其中 M 代表建立的参数，NUMBER 代表变量的类型为数值，双引号中的内容用来提示输入内容，在 Pro/E 中文版中支持此处的中文显示。在上面的编辑中，没有引入 ALPHA 这个压力角参数，由于标准齿轮的压力角都是 20，因此把此变量当成固定值处理。

(2) 在记事本的【文件】菜单中依次选择【保存】和【退出】命令。

(3) 编辑完成后可以即时检验程序的效果，在随即打开的消息输入窗口单击[是]按钮。

(4) 依次选择【输入】/【选取全部】/【完成选取】命令，选择 M、Z、B 等 3 个参数，如图 8-71 所示。

(5) 依次在信息栏输入新的数值 2、40、5，如图 8-72 所示。完成后零件自动更新，结果如图 8-73 所示。

图8-71 菜单选择

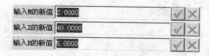

图8-72 输入参数

图8-73 再生后的模型

这里只介绍齿轮轮齿部分的参数化设计方法，请读者在其上添加其他结构设计，并完成参数化建模工作，然后修改设计参数，以获得不同的设计效果，如图8-74和图8-75所示。

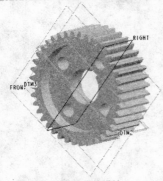

图8-74 完善后的设计 1

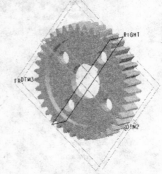

图8-75 完善后的设计 2

实训

使用本项目中介绍的齿轮创建方法创建一个参数化齿轮模型，要求如下。

(1) 以模数2、齿数30、压力角20和齿宽10创建基本模型。

(2) 使用模数1.5、齿数18再生模型。

(3) 使用齿数45、齿宽15再生模型。注意比较这些模型结构上的差异。

项目小结

参数化设计是 Pro/E 的核心思想之一。本项目主要介绍了参数化建模的基本原理和设计过程，并结合实例详细讲述了创建参数化模型的一般步骤。在参数化模型中，参数控制了模型"动"的一面，通过对参数的修改可以轻松地使设计"变脸"；而"关系"控制了模型"静"的一面，保证模型"万变不离其宗"，不会变得太离谱，修改一个齿轮的参数后，再生后的模型依旧是齿轮，不会变成一个轴承。

关系的创建比较灵活，在创建参数后，首先应该使用关系将部分参数与模型上的尺寸相关联，然后为其他参数创建符合设计要求的关系。读者应该重点掌握编辑关系的基本方法。

思考与练习

使用拉伸方法创建一个立方体，设计要点如下。

(1) 设置长、宽和高 3 个参数。

(2) 将 3 个参数与模型上的长度、宽度和高度尺寸相关联。

(3) 建立关系式：长=宽=高。

(4) 修改长度参数后再生模型。

项 目 九

掌握组件装配设计的基本方法

生产中典型的机械总是被拆分成多个零件，分别完成每个零件的建模之后，再将其按照一定的装配关系组装为整机。组件装配是设计大型模型的需要，将复杂模型分成多个零件进行设计，可以简化每个零件的设计过程。本项目将介绍机械装配的基本概念、基本装配工具和装配操作过程。

学习目标

- 掌握装配的基本概念和用途。
- 明确约束的种类及其用途。
- 掌握组件装配的一般过程。
- 明确在装配环境下创建零件的方法。
- 掌握分解图的创建方法。

任务一　熟悉机械装配的设计原理

基础知识

一、基本术语

机械装配设计是指利用一定的约束关系，将各零件组合起来的过程。组合起来的整体就是装配体。在 Pro/E 的组件模式下，不但可以实现装配操作，而且可以对装配体进行修改、分析和分解。

在装配中常用到以下概念和术语。

(1) 组件

由零部件按照一定的约束关系组合而成的零件装配集合。一个组件中往往包括若干个子组件，子组件通常称为部件。

(2) 元件

组成组件的基本单位，每个独立的零件在装配环境下通常作为一个元件来看待。

(3) 装配模型树

在装配环境下，模型树区的结构图，包括组件、零件等装配体的组成部分，以及它们之间的关系，如图 9-1 所示。

(4) 分解图

装配体的分解视图就是把元件分开来的视图。通过装配分解图可以更好地分析产品和指导生产。一般的产品说明书中，都会附带有产品的分解图，用以说明各部件的作用和使用方法。图 9-2 所示为一个装配体的分解图。

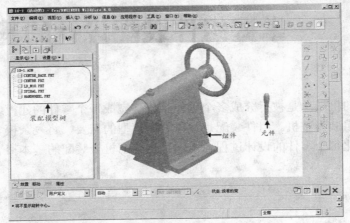

图9-1　装配设计环境

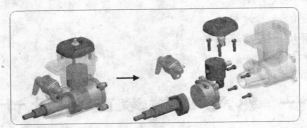

图9-2　分解图

二、两种装配模式

在上工具箱中单击 按钮，打开【新建】对话框，在【类型】分组框中选择【组件】选项，在【子类型】分组框中选择【设计】选项，如图 9-3 所示。输入组件文件名后进入组件装配设计环境。

图9-3　【新建】对话框

元件的装配主要有以下两种思路：自底向上装配和自顶向下装配。

(1) 自底向上装配

自底向上装配时，首先创建好组成装配体的各个元件，然后按照一定的装配顺序依次将其装配为组件。

这种装配模式比较简单、初级，其设计思路清晰，设计原理也容易被广大用户接受。但是其设计理念还不够先进，设计方法也不够灵活，还不能完全适应现代设计的要求，主要应用于一些已经比较成熟的产品的设计过程，可以获得比较高的设计效率。

(2) 自顶向下装配

自顶向下的装配设计与自底向上的设计方法正好相反。设计时，首先从整体上勾画出产品的整体结构关系或创建装配体的二维零件布局关系图，然后再根据这些关系或布局逐一设计出产品的零件模型。

在现代设计中，通常先设计出整个产品的结构和功能后，再逐步细化到单个零件的设计，这种设计方法具有参数化设计的优点，能够方便地修改设计结果，还能够很容易地把对某一元件的修改反映到整个产品设计中。

自顶而下装配时，还可以利用已有的装配环境作为参照，根据已有元件的尺寸和空间位置关系，"量身定做"地设计新元件。这种设计方法通常称为在装配环境下创建元件。

三、两种装配约束形式

约束是施加在各个零件间的一种空间位置的限制关系，从而保证参与装配的各个零件之间具有确定的位置关系。根据装配约束形式的不同，可以将装配约束划分为以下两类。

(1) 无连接接口的装配约束

使用无连接接口的装配约束的装配体上各零件不具有自由度，零件之间不能做任何相对运动，装配后的产品成为具有层次结构且可以拆卸的整体，但是产品不具有"活动"零件，这种装配连接称为约束连接。

(2) 使用有连接接口的约束的装配

大多数机器在装配完成后，零件之间还应该具有正确的相对运动，如轴的转动、滑块的移动等。为此在装配模块中引入了有连接接口的装配约束，这种装配连接称为机构连接，是使用 Pro/E 进行机械仿真设计的基础。

四、装配工具

在右工具箱中单击 按钮后，浏览到需要装配的零件并将其导入设计环境，同时打开装配设计图标板创建约束连接或者机构连接，如图 9-4 所示。本书仅介绍约束连接。

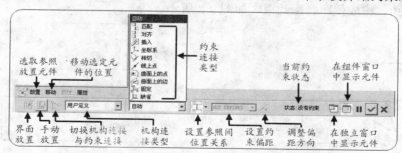

图9-4 设计图标板

(1)【放置】上滑参数面板

在图标板左上角单击 放置 按钮，打开上滑参数面板，在这里可以详细为新装配元件指定约束类型和约束参照以实现装配过程，如图 9-5 所示。

设计时，首先在右侧上方的下拉列表中为组件和新元件选取约束类型，可以使用的约束类型如图 9-4 所示，然后为其指定约束参照，指定结果会显示在左侧的参数收集器中。

完成一组约束设置后，在图标板上会提示当前的约束状态，如果模型尚未达到需要的约束状态，可以继续添加新的约束和参照。

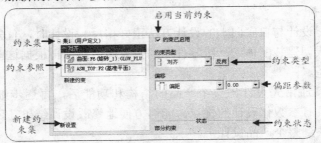

图9-5　放置参数面板

(2)【移动】上滑参数面板

在装配过程中，为了在模型上选取确定的约束参照，有时需要适当对模型进行移动或旋转操作，这时可以在图标板左上角单击 移动 按钮，打开如图 9-6 所示的上滑参数面板，按照如图 9-4 所示设置参数后，即可对选定的模型进行重新放置。

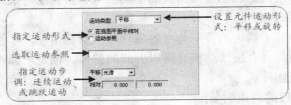

图9-6　移动参数面板

五、常用装配约束及其应用

为了在参与装配的两个元件之间创建准确的连接，需要依次指定一组约束来准确定位这两个元件，这些可用的约束类型共 11 种。

(1) 匹配

匹配就是两平面相贴合，其法向方向相反，如图 9-7 所示。此外，也可在匹配的两个平面之间增加间距，构成偏距匹配约束，如图 9-8 所示。

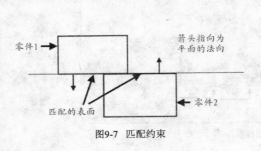

图9-7　匹配约束

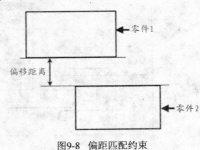

图9-8　偏距匹配约束

(2) 对齐

对齐约束可以将两平面对齐或使两圆弧（圆）的中心线在同一条直线上。当两平面相互对齐时，两平面同向，即两平面的法向相向，如图 9-9 所示。它也可以创建偏距对齐，如图 9-10 所示。

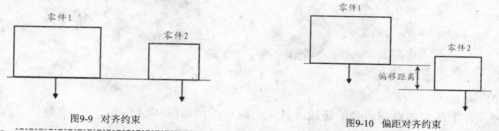

图9-9 对齐约束　　　　　　　　　　　　图9-10 偏距对齐约束

指定对齐和匹配约束时，在两个对象上选取的参照类型必须相同，例如选择的第一个对齐参照是直线，另一个参照也必须是直线。

(3) 插入

插入约束主要用于轴与孔的匹配，设计时只需要在轴和孔上分别选取参照曲面即可创建连接，如图 9-11 所示。

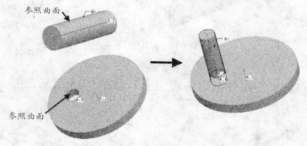

图9-11 插入约束

(4) 坐标系

装配完成后，两个零件上的坐标系重合，如图 9-12 所示。利用坐标系进行装配时，必须注意 X、Y 和 Z 轴的方向。

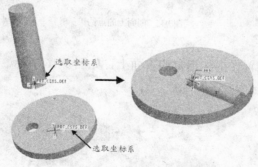

图9-12 坐标系约束

(5) 相切

零件上的指定曲面以相切的方式进行装配，设计时只需要分别在两个零件上指定参照曲面即可，如图 9-13 所示。

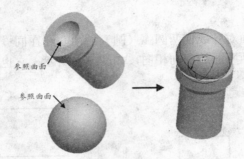

图9-13　相切约束

(6) 线上点

将元件上选定的点与组件的边线或其延长线对齐，如图 9-14 所示。

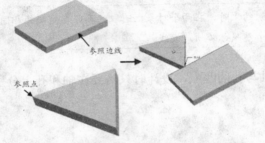

图9-14　线上点约束

(7) 曲面上的点

将元件上选定的点放置在组件指定的表面上，如图 9-15 所示。

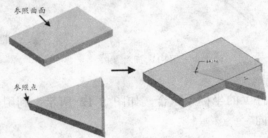

图9-15　曲面上的点约束

(8) 曲面上的边

将元件上选定的边放置在组件指定的表面上，如图 9-16 所示。

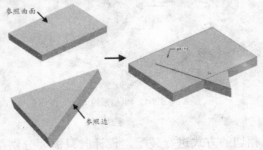

图9-16　曲面上的边约束

(9) 自动

用户直接在元组件上选取装配的参考几何，由系统自动判断约束的类型和间距来进行元组件的装配。这是一种比较快速的装配方法，通常只用于简单装配情况下。

(10)固定

将新元件在当前位置固定，这时可以先打开【放置】上滑参数面板，使用移动或者旋转工具移动或旋转元件，使之相对于组件具有相对正确的位置后再将其固定。

(11)默认

使用默认装配坐标系作为参照，将元件的坐标系和组件系统的坐标系重合放置，从而将新元件固定在默认位置。在装配第一个元件时，通常采用"默认"方式实现元件的快速装配。

六、零件的约束状态

在两个装配零件之间加入一个或多个约束条件以后，零件之间的相对位置就基本确定了。根据约束类型和数量的不同，两个装配零件之间相对位置关系的确定度也不完全相同，主要有以下几种情况。

(1) 无约束

两个零件之间尚未加入约束条件，每个零件处于自由状态，这是零件装配前的状态。

(2) 部分约束

在两个零件之间每加入一种约束条件，就会限制一个方向上的相对运动，因此该方向上两零件的相对位置确定；但是要使两个零件的空间位置全部确定，根据装配工艺原理，必须限制零件在 X、Y 和 Z 这 3 个方向上的相对移动和转动。如果两零件还有某方向上的运动尚未被限定，这种零件约束状态称为部分约束状态。

(3) 完全约束

当两个零件在 3 个方向上的相对移动和转动全部被限制后，其空间位置关系就完全确定了，这种零件约束状态称为完全约束状态。

 零件无约束或者部分约束时，在模型树窗口中对应零件标识前会有一个小方块符号，如图9-17所示，这时需要继续补充参照，使之完全约束，小方块符号随之消失。

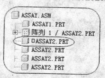

图9-17 装配模型树

【案例9-1】 装配减速器下箱体和上箱盖。

新建组件文件后，系统打开的设计界面和三维实体建模时类似，单击 ▦ 按钮，弹出【打开】对话框，从该对话框中选取零件，将其打开后作为装配元件进行装配设计。当零件数量较多时，可以单击对话框上的 按钮，在对话框右侧打开模型预览窗口以方便零件的选取。

【步骤解析】

1. 新建组件文件。

在上工具箱中单击 ▯ 按钮，新建名为 "reduce" 的组件文件，随后进入装配设计环境。

2. 使用默认方式装配下箱体。

(1) 在右工具箱中单击 按钮，导入教学资源文件 "\项目 9\素材\bottom.prt"，该零件为减速器下箱体，如图 9-18 所示。

图9-18 减速器下箱体

(2) 在图标板上的选取约束类型为默认，如图 9-19 所示。单击鼠标中键将该零件在默认参照中装配。

图9-19 设计图标板

3. 装配上箱盖。

(1) 在右工具箱中单击 按钮，导入教学资源文件 "\项目 9\素材\top.prt"，该零件为减速器上箱盖，为了便于选取参照，单击界面右下角的 按钮，将其在独立窗口中显示，如图 9-20 所示。

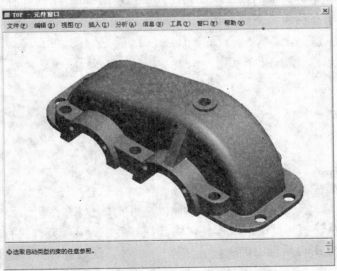

图9-20 独立窗口打开的上箱盖

 在装配过程中可以随时单击图标板左上角的 移动 按钮，打开移动工具来调整元件的位置，以便于在元件上选取合适的参照。

(2) 单击 放置 按钮，打开上滑参数面板，在【约束类型】下拉列表中选择【匹配】选项；在【偏移】下拉列表中接受默认选项【重合】，然后选取如图 9-21 所示的平面作为参照。施加匹配约束后的模型如图 9-22 所示，完成设置后的上滑参数面板如图 9-23 所示。

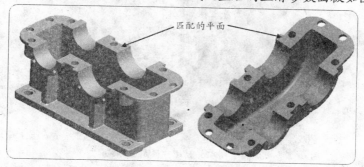

图9-21 匹配约束参照

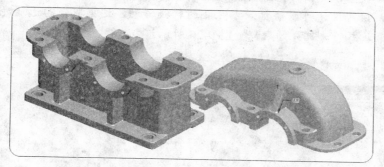

图9-22 应用参照后的结果

图9-23 参照面板

(3) 在上滑参数面板中单击【新建约束】选项，补充约束条件，在【约束类型】下拉列表中选择【插入】选项；然后选取如图 9-24 所示的孔的内表面作为参照。施加插入约束后的模型如图 9-25 所示。

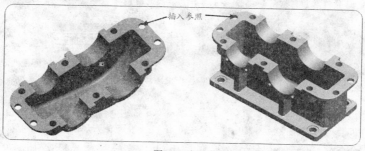

图9-24 插入参照

图9-25 应用参照后的结果

(4) 此时上滑参数面板和图标板上的约束状态提示为"完全约束"，实际上上箱盖并未完全确定位置，该元件还可以绕插入参照孔的轴线转动。这里取消勾选【允许假设】复选框后，约束状态变为部分约束，如图 9-26 所示。

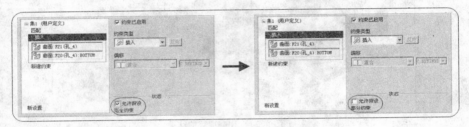

图9-26 参照面板设置

提示 ▸ 在装配过程中，系统会根据先前的约束条件自动推断元件的装配位置，如果能够确定便会在【状态】栏下显示【允许假设】复选框，并提示元件已【完全约束】。如果当前的装配位置并不符合设计要求，可以取消对该复选框的勾选并继续添加合适的约束项。

(5) 在上滑参数面板中单击【新建约束】选项补充约束条件，在【约束类型】下拉列表中选择【对齐】选项；在【偏移】下拉列表中选择【定向】选项，然后选取如图 9-27 所示的平面作为参照。设置完成后的参数面板如图 9-28 所示。

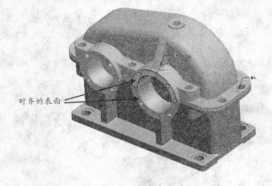

对齐的表面

图9-27 对齐参照

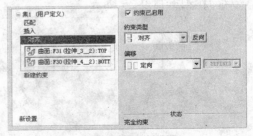

图9-28 参数面板设置

(6) 此时系统提示零件被完全约束，单击鼠标中键，最后创建的结果如图 9-29 所示。

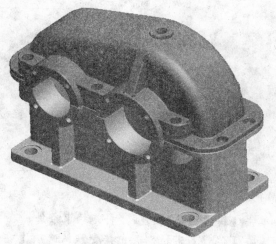

图9-29 装配结果

任务二 掌握阵列装配和重复装配的设计方法

一、阵列装配

为了实现特殊的装配功能和提高设计效率，软件还提供了阵列装配和重复装配两种方法，主要用于对相同元件的装配。

使用阵列方式可以快速装配多个相同的元件。选取要阵列的元件后在右工具箱上单击 ▦ 按钮打开阵列操作图标板，其中各选项的使用方法与基础建模中的阵列操作相同，在设计中，常用参照阵列来实现元件的快速装配。

二、重复装配

当组件中需要多次放置一个元件（如螺栓、螺母及垫圈等零件）时，可以使用重复方式连续选取参照，以定义元件的位置。

【案例9-2】 阵列装配和重复装配。

【步骤解析】

1. 新建组件文件。

   在上工具箱中单击 ▢ 按钮，新建名为 "assay" 的组件文件，随后进入装配设计环境。

2. 使用默认方式装配下箱体。

   (1) 在右工具箱中单击 ▨ 按钮，导入教学资源文件 "\项目9\素材\assay1.prt"。

   (2) 在图标板上设置该零件约束方式为默认，单击鼠标中键完成零件的装配，如图 9-30 所示。

3. 装配第一个元件。

   (1) 在右工具箱中单击 ▨ 按钮，导入教学资源文件 "\项目9\素材\assay2.prt"。

   (2) 在图标板左上角单击 放置 按钮，打开上滑参数面板，为其添加一个【插入】约束，约束参照如图 9-31 所示。

图9-30 打开的元件	图9-31 插入约束参照

(3) 在上滑参数面板中单击【新建约束】选项，补充约束条件，在【约束类型】下拉列表中选择【匹配】选项，在【偏移】下拉列表中接受默认选项【重合】，然后选取如图 9-32 所示的平面作为参照。

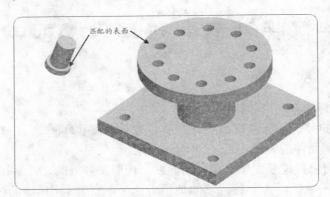

图9-32 匹配约束参照

(4) 确保在参数面板中勾选【允许假设】复选框，如图 9-33 所示，最后的装配结果如图 9-34 所示。

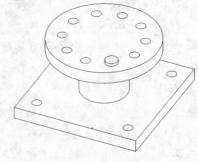

图9-33 参照面板	图9-34 装配结果

4. 阵列装配元件。

(1) 如图 9-35 所示，选中刚刚装配完成的元件 assay2，然后在右工具箱中单击 ▦ 按钮，打开阵列工具。

(2) 系统自动选中【参照】阵列选项，单击鼠标中键完成阵列操作，结果如图 9-36 所示。

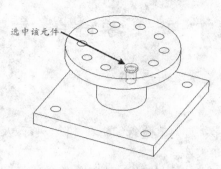

图9-35 选中装配元件

选中该元件

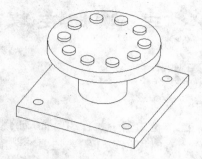

图9-36 参照阵列结果

提示 在阵列装配时，至少有一个装配元件已经通过阵列方法创建了特征，例如本例的孔组就是采用轴阵列创建完成的，这样可以直接使用参照阵列来装配其余元件，设计效率高。

5. 重复装配元件。

(1) 按照步骤3的方法完成元件的装配，结果如图9-37所示。

(2) 选中刚刚装配的元件，然后在【编辑】菜单中选择【重复】命令，打开【重复元件】对话框，在【类型】列表中选择【插入】选项，如图9-38所示。

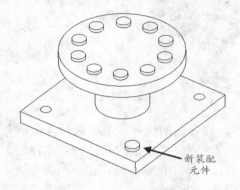

新装配
元件

图9-37 装配结果

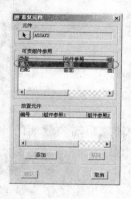

图9-38 选中约束参照

(3) 在【重复元件】对话框底部单击 添加 按钮，如图9-39所示依次选取底板孔的内表面作为参照，即可快速创建装配结果，如图9-40所示。

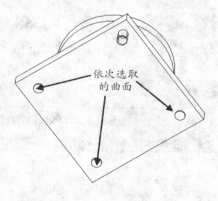

依次选取
的曲面

图9-39 选取参照

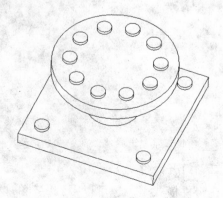

图9-40 复装配结果

任务三 掌握在装配环境下新建零件的方法

一、激活元件

装配体是由多个元件组装而成的整体，在设计中需要对其进行编辑、删除、修改及替换等操作，有时根据设计需要还要在装配环境下新建新零件。

在装配环境下，元件的激活和打开是进行零件操作的基础，只有在激活或打开元件后，才可以编辑元件。在装配环境下，元件和顶级装配体的当前状态可以进行切换。

如图 9-41 所示，顶级装配体处于激活状态，此时各元件上没有激活标志。当顶级装配体处于激活状态时，可以装配新元件以及在装配环境下新建元件。

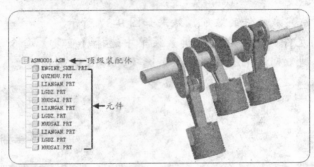

图9-41 装配体及其模型树

在模型树窗口需要激活的元件上单击鼠标右键，在弹出的快捷菜单中选择【激活】命令，将其激活。此时被激活的元件前有一个激活标志，同时模型上的其他实体元件处于透明状态，如图 9-42 所示。在模型树窗口中激活的零件上单击鼠标右键，在弹出的快捷菜单中可以选择各种编辑操作，如【再生】、【编辑】和【打开】命令等。

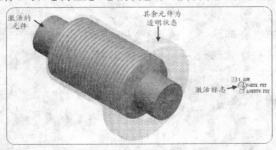

图9-42 激活元件后的装配体

> 提示 要重新激活顶层装配体，可以采用类似的方法，在顶层装配体上单击鼠标右键，在弹出的快捷菜单中选择【激活】命令，还可以直接在【窗口】菜单中选择【激活】命令。

二、打开元件

在组件模式下，也可以回到零件的设计窗口，对零件的特征进行编辑和变更操作，这时首先需要打开零件。

在模型树窗口中选择需要编辑的元件，在其上单击鼠标右键，在弹出的快捷菜单中选择【打开】命令。随后会打开独立的设计窗口，在这里可以对零件进行各种设计变更操作，其基本操作方法与零件设计模式下完全相同。

三、删除元件

在模型树窗口中选择需要删除的元件，此时工作界面上的元件显示为红色。在其上单击鼠标右键，在弹出的快捷菜单中选择【删除】命令。系统会弹出确认对话框，确认后即可将元件删除。

 在装配环境下的元件往往有主从关系，删去一个元件时，以该元件为参照的其他元件也会被删除，因此在删除元件时需要谨慎操作。

四、修改元件

在装配环境下，对元件的修改包括对元件特征的修改和对元件装配条件的修改。

(1) 修改元件特征

修改元件特征的方法有两种。

- 打开零件。进入单独的零件设计界面，此时可以很方便地进行零件的设计和修改。
- 激活零件。在该模式下，可以很好地利用其他元件作为参照，更方便地修改零件。

(2) 修改装配条件

在模型树窗口中，用鼠标右键单击需要修改装配条件的元件，在弹出的快捷菜单中选择【编辑定义】命令，打开设计图标板重新定义或者更正装配条件。

五、隐藏元件

在装配体中，各个元件在装配空间中相互重叠，一个元件遮住了其他元件，为了更为全面地观察元件的空间位置关系，可以隐藏或隐含选定的元件。

在模型树窗口中选定的元件上单击鼠标右键（或直接在模型上单击鼠标右键），在弹出的快捷菜单中选择【隐藏】命令，可以将该元件暂时隐藏起来，以便更好地观察被遮盖元件，如图 9-43 所示。如果需要重新显示该元件，只需要在类似的操作中选择【取消隐藏】命令即可。

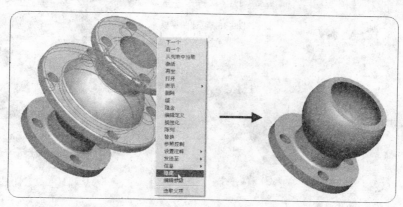

图9-43 隐藏元件

六、隐含元件

隐含元件是将元件暂时从装配体中排除，从实际效果来看，与删除操作相似；但是删除后的元件通常不可恢复，而隐含的元件可以通过【编辑】菜单中的【恢复】操作来恢复。

【案例9-3】 应用实例——在装配环境下新建零件。

在装配模式下可以依据已有元件的尺寸及空间相对位置来创建新零件，其设计效率更高，还可以尽可能减少模型的修改次数。

【步骤解析】

1. 新建组件文件。

(1) 在【文件】菜单中选择【新建】命令，打开【新建】对话框，新建名为 "tool" 的组件文件。

(2) 取消勾选【使用缺省模版】复选框，在弹出的【新文件选项】对话框中选择【mns-asm-design】单位制，随后进入装配设计环境。

2. 利用【复制现有】方法新建第一个元件。

(1) 在右工具箱中单击 🔲 按钮，打开【元件创建】对话框，具体设置如图 9-44 所示，然后单击 确定 按钮，打开【创建选项】对话框，接受默认选项【复制现有】，如图 9-45 所示。

(2) 单击 浏览... 按钮，导入教学资源文件 "\项目 9\素材\mold.prt"，然后单击 确定 按钮。

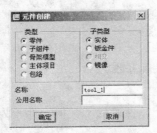
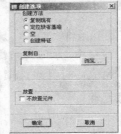

图9-44 【元件创建】对话框　　　　　图9-45 【创建选项】对话框

(3) 在设计图标板上指定约束类型为【缺省】，如图 9-46 所示，然后单击 ✔ 按钮。此时新元件通过复制现有创建成功，如图 9-47 所示。

图9-46 设计图标板

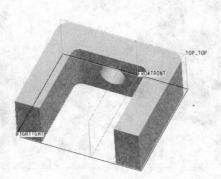

图9-47 装配结果

3. 利用【定位缺省基准】方法新建元件。

(1) 在右工具箱中单击 ⊞ 按钮，打开【元件创建】对话框，具体设置如图 9-48 所示，然后单击 确定 按钮，打开【创建选项】对话框，按照如图 9-49 所示设置参数。

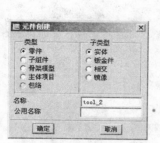

图9-48 【元件创建】对话框

图9-49 【创建选项】对话框

(2) 系统提示：`选取将同时用作草绘平面的第一平面。`，选择"ASM-TOP"平面。

(3) 系统提示：`选取水平平面(当草绘时将作为'顶部'参照)。`，选择"ASM-FRONT"平面。

(4) 系统提示：`选取用于放置的竖直平面。`，选择"ASM-RIGHT"平面。

> 提示
> 图 9-50 所示为操作完成后的模型树，可以看到元件"tool_2.prt"已经创建成功，并且处于激活状态。此时，主界面上"tool_1.prt"元件处于半透明状态，可以作为新元件"tool_2.prt"的设计基准。

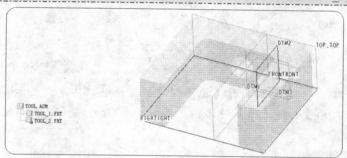

图9-50 创建元件后的结果

(5) 在右工具箱中单击 ⊠ 按钮，打开草绘曲线工具。选择"ASM-TOP"平面为草绘平面，接受默认参照进入草绘模式。选择孔曲面作为标注参照，如图 9-51 所示。

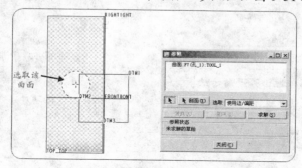

图9-51 选取标注参照

(6) 在草绘平面内使用 □ 工具，选取孔边线作为草绘截面，完成后退出草绘模式，如图 9-52 所示。

(7) 在右工具箱中单击 ▣ 按钮，启动拉伸设计工具，设置拉伸方式为双侧拉伸，拉伸深度为 6.00，最后创建的拉伸模型如图 9-53 所示。至此，新元件 "tool_2.prt" 创建完成，并与元件 "tool_1.prt" 装配完成。

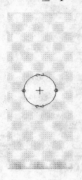

图9-52 草绘截面图

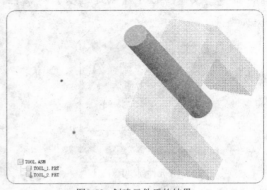

图9-53 创建元件后的结果

4. 利用【空】方法新建元件。

(1) 在模型树窗口中的 "tool.asm" 上单击鼠标右键，在弹出的快捷菜单中选择【激活】命令，如图 9-54 所示，将顶级装配体设置当前状态，以便创建新元件。

图9-54 激活顶级装配体

(2) 在右工具箱中单击 ▣ 按钮，打开【元件创建】对话框，具体设置如图 9-55 所示，然后单击 确定 按钮打开【创建选项】对话框，按照如图 9-56 所示设置参数。

图9-55 【元件创建】对话框

图9-56 【创建选项】对话框

此时可以看到图 9-57 所示的模型树中多了一个 "tool_3.prt" 标识，只是主设计界面没有对应的元件，也就是说，这里创建了一个空元件。我们可以选择 "激活" 或者 "打开" 方法来完善该元件的设计。

图9-57 模型树窗口

5. 利用【创建特征】方法新建元件。

(1) 在右工具箱中单击 ⬜ 按钮，打开【元件创建】对话框，具体设置如图 9-58 所示，然后单击 确定 按钮，打开【创建选项】对话框，按照如图 9-59 所示设置参数。

图9-58 【元件创建】对话框

图9-59 【创建选项】对话框

(2) 在设计界面中，其他元件均处于半透明状态。新建元件 "tool_4.prt" 为激活状态，如图 9-60 所示。

图9-60 模型树窗口

(3) 在右工具箱中单击 ⬜ 按钮，选择 "ASM-TOP" 平面为草绘平面，接受默认参照进入草绘模式。按照如图 9-61 所示选取标注参照。

(4) 在草绘平面中配合 ⬜ 和 ⬜ 工具绘制如图 9-62 所示的截面图，完成后退出草绘模式。

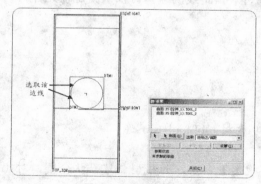

图9-61 选取标注参照

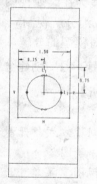

图9-62 草绘截面图

(5) 在右工具箱中单击 ⬜ 按钮，启动拉伸设计工具，设置拉伸深度为 1.00。完成新元件 "tool_4.prt" 的创建和装配，如图 9-63 所示。激活顶级装配体，结果如图 9-64 所示。

图9-63 新建元件

图9-64 最终设计结果

任务四 掌握装配体的分解方法

一、创建缺省分解图

对装配体分解后可以创建分解图，以便查看模型的结构和装配关系。组件装配完成后，在【视图】菜单中选择【分解】命令，启动组件分解工具。

在【视图】菜单中选择【分解】/【分解视图】命令，创建默认的分解结果，不过该结果往往并不能让设计者满意，需要进一步编辑。

二、编辑分解图

【视图】主菜单中的【分解】菜单下共有 4 个选项。

(1) 编辑位置

选取该选项后，打开【分解位置】对话框，可以重新编辑定义各个元件的空间位置。

(2) 切换状态

选定元件后，选中该选项，可以将已经分解的元件切换为分解的状态或把未分解的元件切换为已经分解的状态。

(3) 偏距线

偏距线用来表示各个元件的对齐位置，一般由 3 条线组成，两端分别为两个元件的特征曲线，中线为在装配视图中添加的中间线，通过对偏距线的编辑可以重新定位元件。

(4) 取消分解视图

取消对模型的分解，恢复到分解前的模型状态。

【案例9-4】 创建分解图。

【步骤解析】

1. 打开文件。

使用浏览方式打开教学资源文件 "\项目 9\素材\tool\tool.asm"。

2. 创建分解图。

在【视图】菜单中选择【分解】/【分解视图】命令，为模型创建默认分解，对比分解前后的结果如图 9-65 所示。

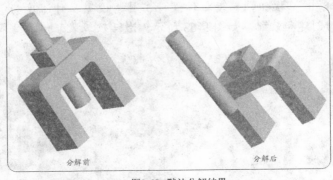

图9-65 默认分解结果

3. 编辑分解位置。

(1) 在【视图】菜单中选择【分解】/【编辑位置】命令，打开【分解位置】对话框。在【运动类型】分组框中选择【复制位置】选项，如图 9-66 所示。然后依次选取元件 tool_2 和 tool_4，按照元件 tool_2 的位置放置元件 tool_4，如图 9-67 所示。

图9-66 【分解位置】对话框

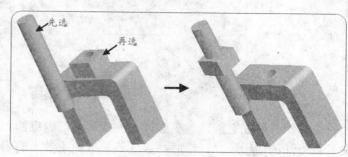

图9-67 放置元件

(2) 在【运动类型】分组框中选择【平移】选项，如图 9-68 所示，然后选取轴 "A_2" 作为移动参照，如图 9-69 所示。选取元件 tool_1 为移动对象，然后拖动鼠标将该元件向下平移。接着选取元件 tool_2，将其向上平移，最后创建的分解结果如图 9-70 所示。

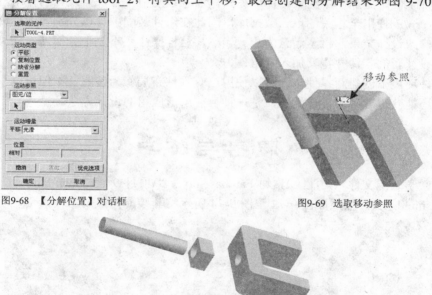

图9-68 【分解位置】对话框

图9-69 选取移动参照

图9-70 分解结果

实训

打开教学资源文件 "\项目9\素材\齿轮组件" 下的键、齿轮和轴这 3 个模型，使用前面学过的方法创建齿轮轴组件，如图 9-71 所示。

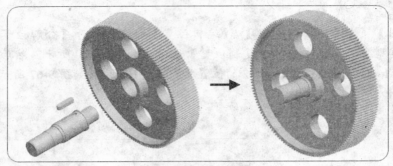

图9-71 装配齿轮组件

项目小结

在进行组件装配之前，首先必须深刻理解装配约束的含义和用途，并熟悉系统所提供的多种约束方法的适用场合。同时，还应该掌握约束参照的用途和设定方法。

在组件装配时，首先根据零件的结构特征和装配要求选取合适的装配约束类型，然后分别在两个零件上选取相应的约束参照来限制零件之间的相对运动。两个零件的放置状态有"无约束"、"部分约束"和"完全约束"3 种类型，要使两零件之间为完全约束状态，一般需要在零件上同时施加多个约束条件。另外，注意装配中"允许假设"的使用。

由于 Pro/E 使用全相关的单一数据库，因此在组件装配中可以分别在零件模块和组件模块中反复修改设计结果，直至满意为止。当然，这样操作还不算十分简便，还可以直接在组件模块中设计新的零件并将其加入到组件中。

在组件环境下创建新零件时，可以使用已有零件布局作为参照，不但可以获得较高的设计效率，还能获得准确的设计结果，是一种目前广泛应用的设计方法。

思考与练习

依次打开教学资源文件"\项目 9\素材\Fan\base.prt"、"\项目 9\素材\Fan\fan.prt"和"\项目 9\素材\Fan\shield.prt"，按照如图 9-72 至图 9-74 所示将其装配为风扇组件。

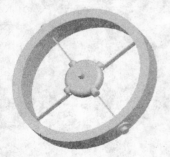

图9-72 风扇支架

图9-73 装配叶片后

图9-74 装配前盖后

项目十

掌握工程图的创建方法

　　表达复杂零件时最常用的方法是使用空间三维模型，简单且直观；但是在工程中，有时需要使用一组二维图形来表达一个复杂零件或装配组件，也就是使用工程图，例如在机械生产第一线常用工程图来指导生产过程。本项目将结合一个典型零件的工程图创建过程来介绍工程图设计方法和技巧。

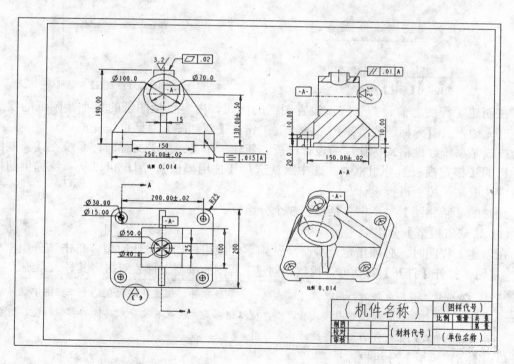

学习目标

- 明确工程图的结构和用途。
- 掌握创建一般视图的方法。
- 明确创建其他各类视图的一般方法。
- 掌握视图的标注、修改方法和技巧。

任务一 设置图纸

一、图纸设置基本知识

选择【文件】/【新建】命令或在上工具箱上单击 🗋 按钮，在打开的【新建】对话框中选择【绘图】类型，如图 10-1 所示。输入文件名称后单击 确定 按钮，系统随后弹出如图 10-2 所示的【新制图】对话框，选取参照模型和图纸格式后，单击 确定 按钮，即可创建一个工程图文件。

图10-1 【新建】对话框

图10-2 【新制图】对话框

在创建工程图之前，首先应该设置图纸的格式，内容包括图纸的大小、图纸的摆放方向、有无边框及有无标题栏等。图纸的设置工作在【新制图】对话框中完成。

模板是系统经过格式优化后的设计样板。新建一个【绘图】文件时，系统在【新制图】对话框的【指定模板】分组框中，选中默认选项【使用模板】，用户可以从系统提供的模板列表中选取某一模板进行设计。

此时的【新制图】对话框包括以下 3 个分组框。

(1)【缺省模型】分组框

在创建工程图时，必须指定至少一个三维零件或组件作为设计原型。单击该分组框中的 浏览 按钮，打开【打开】对话框，找到欲创建工程图的模型文件后双击将其导入系统。

> 在创建工程图文件时，用户只可以选取一个参照零件，但这并不代表整个工程图中就只能包含一个文件。在进入工程图模式后，用户可以根据具体情况再次导入其他的参照模型，这在系统化地创建一个组件的工程图纸时非常有用。

(2)【指定模板】分组框

在【指定模板】分组框中选取采用什么样的模板创建工程图，其中包含以下 3 个单选按钮。

- 【使用模板】：使用系统提供的模板创建工程图。
- 【格式为空】：使用系统自带的或用户自己创建的图纸格式创建工程图。单击其中的 浏览 按钮可以导入已有的格式文件。
- 【空】：此时图纸不含任何格式，设置好图纸的摆放方向和图纸大小后即可创建一个空的工程图文件。当用户单击 可表 按钮时，可以根据实际情况自定义图纸的大小。

（3）【模板】分组框

在【模板】分组框中以列表的形式显示系统所有的默认模板名称，在其中选取适当的模板即可。另外，单击 浏览... 按钮还可以导入自己的模板文件创建工程图。使用模板创建工程图时，系统会自动创建模型的一组正交视图，从而简化了设计过程。

【步骤解析】

1. 新建绘图文件。

（1）在上工具箱中单击 按钮，新建名为"bearing_seat"的绘图文件。

（2）在打开的【新制图】对话框中，单击顶部的 浏览... 按钮，打开参照模型，该模型存放路径为："\项目10\素材\bearing_seat.prt"，该模型如图10-3所示。

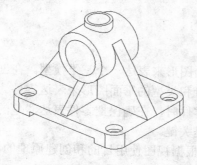

图10-3 打开的模型

（3）在【指定模板】分组框中，选择【格式为空】选项，在【格式】分组框中单击顶部的 浏览... 按钮，打开格式文件，文件路径为："\项目10\素材\format.frm"。

（4）设置参数后的【新制图】对话框如图10-4所示，单击 确定 按钮，进入如图10-5所示的绘图环境。

图10-4 【新制图】对话框

图10-5 新建的图纸

2. 设置第一角画法。

（1）在【文件】菜单中，选择【属性】命令，打开【文件属性】菜单，选择【绘图选项】命令，打开【选项】对话框。

(2) 在对话框底部的【选项】文本框中输入 "projection_type"，将其值修改为 first_angle，然后单击 按钮，将第三角画法修改为我国通用的第一角画法，然后单击 确定 按钮关闭对话框。

3. 保存文件。

在【文件】菜单中选择【保存】命令，保存文件，记住文件的存储位置，稍后将继续在该文件中创建其他视图。

任务二 创建各类基本视图

 基础知识

一、视图的基本类型

工程图使用一组二维平面图形来表达一个三维模型。在创建工程图时，根据零件复杂程度的不同，可以使用不同数量和类型的平面图形来表达零件。工程图中的每一个平面图形被称为一个视图。设计者表达零件时，在确保把零件表达清楚的条件下，又要尽可能减少视图数量，因此视图类型的选择是关键。

Pro/E 中视图类型丰富，根据视图使用目的和创建原理的不同，可以分以下几类。

(1) 一般视图

一般视图是系统默认的视图类型，是为零件创建的第一个视图。一般视图是按照一定投影关系创建的一个独立正交视图，如图 10-6 所示。通常将创建的第一个一般视图作为主视图，并将其作为创建其他视图的基础和根据。

> 由同一模型可以创建多个不同结果的一般视图，这与选定的投影参照和投影方向有关。通常，用一般视图来表达零件最主要的结构，通过一般视图可以最直观地看出模型的形状和组成。

(2) 投影视图

对于同一个三维模型，如果从不同的方向和角度进行观察，其结果也不一样。在创建一般视图后，用户还可以在正交坐标系中从其余角度观察模型，从而获得和一般视图符合投影关系的视图，这些视图被称为投影视图。图 10-7 所示为在一般视图上添加投影视图的结果，这里添加了 4 个投影视图，但在实际设计中，仅添加设计需要的投影视图即可。

图10-6 一般视图

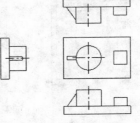

图10-7 投影视图

(3) 辅助视图

辅助视图是对某一视图进行补充说明的视图，通常用于表达零件上的特殊结构。如图 10-8 所示，为了看清主视图在箭头指示方向上的结构，使用该辅助视图。

（4）详细视图

详细视图使用细节放大的方式表达零件上的重要结构，如图 10-9 所示，使用详细视图表达了齿轮齿廓的形状。

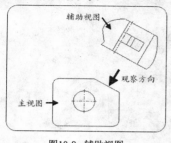

图10-8 辅助视图

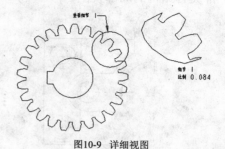

图10-9 详细视图

（5）旋转视图

旋转视图是指定视图的一个剖面图，绕切割平面投影旋转 90°。图 10-10 所示为轴类零件，为了表达键槽的剖面形状，创建了旋转视图。

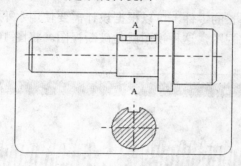

图10-10 旋转视图

二、全视图和部分视图

根据零件表达细节方式和范围的不同，视图还可以进行以下分类。

（1）全视图

全视图以整个零件为表达对象，视图范围包括整个零件的轮廓。例如图 10-11 所示的模型，使用全视图表达的结果如图 10-12 所示。

图10-11 三维模型

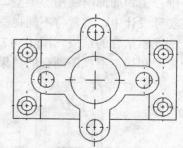

图10-12 全视图

（2）半视图

对于关于对称中心完全对称的模型，只需要使用半视图表达模型的一半即可，这样可以简化视图的结构。图 10-13 所示为使用半视图表达图 10-11 中所示模型的结果。

(3) 局部视图

如果一个模型的局部结构需要表达，可以为该结构专门创建局部视图。图 10-14 所示为模型上部突台结构的局部视图。

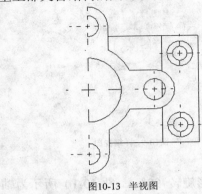

图10-13　半视图

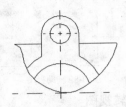

图10-14　局部视图

(4) 破断视图

对于结构单一且尺寸较长的零件，可以根据设计需要使用水平线或竖直线将零件剖断，舍弃部分雷同的结构以简化视图，这种视图就是破断视图。将图 10-15 所示的长轴零件，从中部剖断创建破断视图。

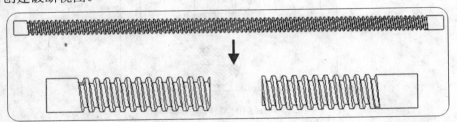

图10-15　破断视图

三、剖视图

剖视图用于表达零件内部结构。在创建剖视图时，首先沿指定剖截面将模型剖开，然后创建剖开后模型的投影视图，在剖面上用阴影线显示实体材料部分。剖视图又分为全剖视图、半剖视图和局部剖视图等类型。

在实际设计中，常常将不同视图类型进行结合来创建视图。例如图 10-16 所示为将全视图和全剖视图结合的结果，图 10-17 所示为将全视图和半剖视图结合的结果，图 10-18 所示为将全视图和局部剖视图结合的结果。

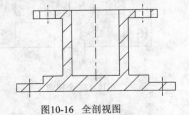

图10-16　全剖视图

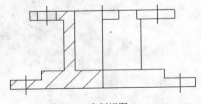

图10-17　半剖视图

提示　　注意剖视图和断面图的区别，断面图仅表达使用剖截面剖切模型后模型断面的形状，而不考虑投影关系，如图 10-19 所示。

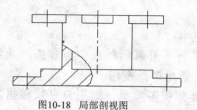

图10-18 局部剖视图　　　　　　　　　　　　　　图10-19 断面图

四、创建各类视图

打开工程图设计界面后，界面上添加了一个工程图工具条，如图 10-20 所示。该工具条可以根据个人使用习惯放置在上工具箱或右工具箱上。

图10-20 视图工具

(1) 创建一般视图

一般视图是工程图上的第一个视图。在新建【绘图】文件时，如果在【新制图】对话框的【指定模板】分组框中选中【使用模板】单选按钮，系统会自动为选定的模型采用第三角画法创建 3 个视图，其中包括一个一般视图和两个投影视图。

在新建【绘图】文件时，如果在【新制图】对话框的【指定模板】分组框中选中【格式为空】或【空】单选按钮，系统不会自动创建任何视图。这时需要用户自己创建第一个视图，而第一个视图就从一般视图开始。

选择【插入】/【绘图视图】/【一般】命令或在工具箱上单击 ■ 按钮，在设计界面上选取一点，随后打开【绘图视图】对话框，在这里依次设置参数创建一般视图，其详细设计方法将在稍后结合实例讲述。

(2) 创建投影视图

投影视图和主视图之间符合严格的投影关系。创建投影视图的方法比较简单，在主视图周围的适当位置选取一点，系统将在该位置自动创建与主视图符合投影关系的投影视图，详细设计方法将在稍后结合实例讲述。

(3) 创建辅助视图

辅助视图也是一种投影视图，通常用于表达模型在其他视图上尚未表达清楚的结构，如一些倾斜的复杂结构。设计时需要选定一个视图作为辅助视图的父视图，然后在父视图上选取一个垂直于屏幕的曲面或平行于屏幕的轴线作为参照进行投影。

如图 10-21 所示采用辅助视图来表达支架模型的结构。在创建辅助视图时，可以创建全视图，也可以创建局部视图来表达零件的部分结构，如图 10-22 所示。

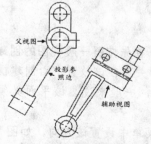

图10-21 创建辅助视图 1

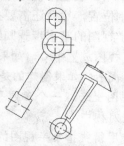

图10-22 创建辅助视图 2

将创建辅助视图的基本步骤归纳如下。

- 在父视图周围选取一点作为辅助视图的放置中心。
- 在父视图上选取一个垂直于屏幕的曲面或平行于屏幕的轴线作为参照，系统将以垂直于该平面或平行于该轴线的投影方向创建辅助视图。
- 如果选取了半视图、局部视图或剖视图等其他视图类型，则用户可以根据系统提示选取相应的参照继续创建视图。
- 使用移动工具适当调整各视图的布置位置，使之整齐有序。

(4) 创建详细视图

详细视图也叫局部放大视图，用于以适当比例放大模型上的某一细节结构，以便看清该结构的构成及完成尺寸标注。图 10-23 所示的轴类零件，为了表达清楚其上的砂轮越程槽结构，使用了详细视图。

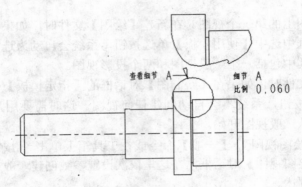

图10-23　创建详细视图

将创建详细视图的基本步骤归纳如下。

- 在父视图周围选取一点作为详细视图的中心点。
- 在父视图上指定放大部位的中心，然后使用鼠标草绘的方式在该中心处绘制一放大区域，完成后单击鼠标中键确认。
- 在界面适当位置单击鼠标以放置视图。
- 双击生成的详细视图，在打开的【绘图视图】对话框中根据具体情况修改视图的相应参数，一般情况下接受默认设置。

(5) 创建半视图

半视图常用于表达结构对称的零件。与创建全视图不同的是，必须指定一个平面来确定半视图的分割位置，然后还需要指定一个视图创建方向。

将创建半视图的基本步骤归纳如下。

- 指定视图放置中心，如果创建的半视图为主视图，首先按照一般视图的创建方法放置视图。如果创建的是投影视图，系统按照投影关系在该放置中心创建视图。
- 在视图上选取一个参照平面为半视图的分割平面，一般来说，该平面必须经过模型对称中心。
- 系统用箭头指示半视图的创建方向，在【方向】菜单中设置该方向，如图 10-24 和图 10-25 所示，图中采用基准平面 RIGHT 作为分割参照。

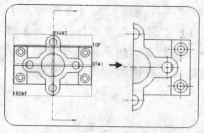

图10-24 创建半视图1　　　　　　　　　图10-25 创建半视图2

(6) 创建局部视图

局部视图用于表达零件上的局部结构。

将其创建基本步骤归纳如下。

- 在图纸上选取适当的位置放置视图。
- 选取零件上需要局部表达部分的中心，系统将在该位置显示一个"×"号。
- 使用草绘样条曲线的方法确定局部表达的范围后，创建局部视图，如图 10-26 所示。

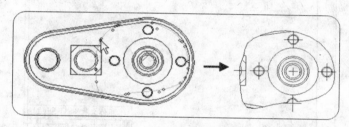

图10-26 创建局部视图

(7) 创建剖视图

剖视图是一种重要的视图类型，常用于表达模型内部的孔及内腔结构。剖视图的类型众多，表达方式灵活多样。在创建剖视图时，首先在【绘图视图】对话框中选择【剖面】选项，进一步设定剖截面的详细内容。

- 选取准备创建剖视图的视图。
- 选取或创建剖切平面。
- 设定是创建全剖、半剖还是局部剖视图。
- 修改剖面参数。

【步骤解析】

1. 打开文件。

在【文件】菜单中选择【打开】命令，打开任务 1 中保存的模型文件，继续在其上进行设计。

2. 创建一般视图。

(1) 设置视图类型。

在上工具箱中单击 按钮打开一般视图工具。系统提示 选取绘制视图的中心点。，在屏幕图形区选择一点放置模型，并打开【绘图视图】对话框。在左侧的【类别】列表中选择【视图类型】选项。

此时视图类型中只有【一般】可以选择，这里创建一般视图。在【视图方向】分组框中选取零件定位方法为【几何参照】。在【参照 1】下拉列表中选择【前面】选项，然后选取如图 10-27 所示的平面作为参照。在【参照 2】下拉列表中选择【右】选项，然后选取如图 10-28 所示的平面作为参照。最后创建的一般视图如图 10-29 所示。

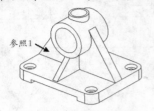

图10-27　设置参照 1

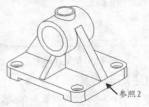

图10-28　设置参照 2

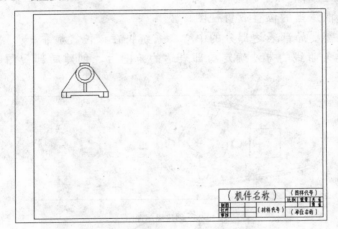

图10-29　放置后的一般视图

(2)　设置比例。

　　在【绘图视图】对话框的【类别】列表中选择【比例】选项。在【比例和透视图】分组框中选择【定制比例】选项，设置比例为 0.014 稍放大一般视图，如图 10-30 所示。

(3)　设置视图显示方式。

　　在【绘图视图】对话框的【类别】列表下选择【视图显示】选项。在【显示线型】下拉列表中选择【无隐藏线】选项，在【相切边显示样式】下拉列表中选择【无】选项，如图 10-31 所示。

图10-30　设置比例

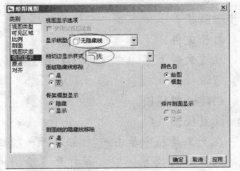

图10-31　设置视图显示方式

(4) 设置原点。

在【绘图视图】对话框的【类别】列表中选择【原点】选项，如图 10-32 所示设置坐标系原点。其他按系统默认设置，单击 确定 按钮，关闭对话框后得到的工程效果图如图 10-33 所示。

图10-32　设置原点

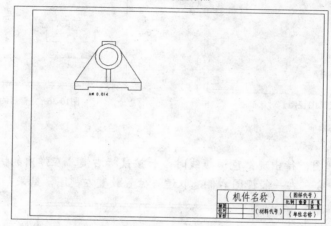

图10-33　调整参数后的一般视图

3.　创建俯视图。

(1)　插入投影视图。

选取创建的主视图，待出现红色边框线时，长按鼠标右键，在弹出的快捷菜单中选择【插入投影视图】选项。在一般视图下部选取适当位置放置俯视图，结果如图 10-34 所示。

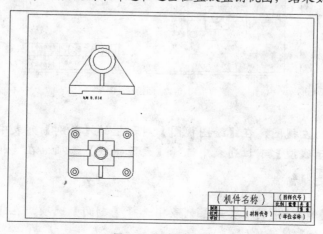

图10-34　创建俯视图

(2) 设置视图显示。

双击刚才创建的俯视图，在【绘图视图】对话框的【类别】列表中选择【视图显示】选项，在【显示线型】下拉列表中选择【无隐藏线】选项，在【相切边显示样式】下拉列表中选择【无】选项。

(3) 设置原点。

在【绘图视图】对话框的【类别】列表中选择【原点】选项，如图 10-35 所示设置坐标系原点。最后得到的工程效果图如图 10-36 所示。

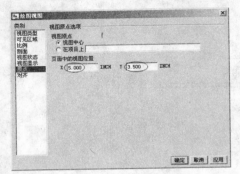

图10-35 【绘图视图】对话框

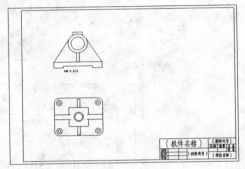

图10-36 完善后的俯视图

4. 创建阶梯剖视图。

(1) 插入投影视图。

选取创建的主视图，待出现红色边框线时，长按鼠标右键，在弹出的快捷菜单中选择【插入投影视图】命令。在一般视图右侧选取适当位置放置左视图，结果如图 10-37 所示。

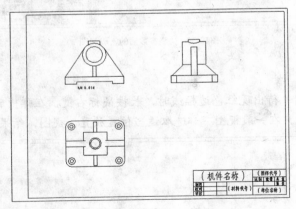

图10-37 创建左视图

(2) 设置视图显示。

双击刚才创建的左视图，在【绘图视图】对话框的【类别】列表中选择【视图显示】选项，在【显示线型】下拉列表中选择【无隐藏线】选项，在【相切边显示样式】下拉列表中选择【无】选项。

(3) 设置剖面。

在【绘图视图】对话框的【类别】列表中选择【剖面】选项，在【剖面选项】分组框中选中【2D 截面】单选按钮。

单击 + 按钮，系统弹出【剖截面创建】菜单管理器。选择【剖截面创建】菜单管理器中的【偏距】/【双侧】/【单一】/【完成】选项。

输入截面名"A"。系统打开新的设计窗口来创建剖截面，选取图 10-38 所示的模型顶面为草绘平面，接受默认参照放置草绘平面后进入草绘模式。

在【草绘】菜单中使用线工具绘制如图 10-39 所示的阶梯剖面，完成后在【草绘】菜单中选择【完成】命令退出草绘环境，此时创建的左视图如图 10-40 所示。

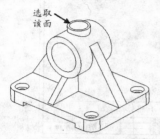

图10-38 选取草绘平面

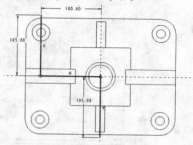

图10-39 绘制剖切平面

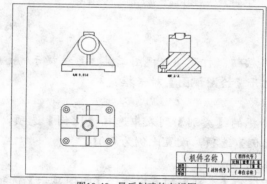

图10-40 最后创建的左视图

(4) 放置剖面箭头。

拖动【绘图视图】对话框中底部的滚动条，在【箭头显示】栏下激活选取文本框，如图 10-41 所示。选取俯视图为剖面箭头的放置视图，在【绘图视图】对话框中单击 应用 按钮，其上将增加剖面箭头，如图 10-42 所示。

 如果要改变剖面箭头的指向，可以在【绘图视图】对话框中单击 ⚹ 按钮再单击 应用 按钮。

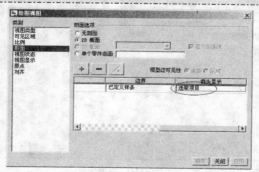

图10-41 【绘图视图】对话框

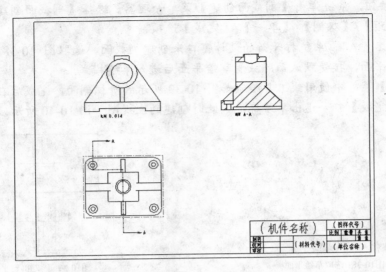

图10-42 最后创建的左视图

5. 创建轴测图。

(1) 设置视图类型。

在上工具箱中单击 🔖 按钮，打开插入视图工具。系统提示 ⇨选取绘制视图的中心点。，在截面右下空白处选择一点，打开【绘图视图】对话框。

(2) 设置比例。

在【绘图视图】对话框的【类别】列表中选择【比例】选项，在【比例和透视图】分组框中选择【定制比例】选项，设置比例为 0.014。

(3) 设置视图显示。

在【绘图视图】对话框的【类别】列表中选择【视图显示】选项，在【显示线型】下拉列表中选择【无隐藏线】选项，在【相切边显示样式】下拉列表中选择【无】选项。

(4) 设置原点。

在【绘图视图】对话框的【类别】列表中选择【原点】选项，按照如图 10-43 所示设置坐标系原点，最后创建的轴测图如图 10-44 所示。

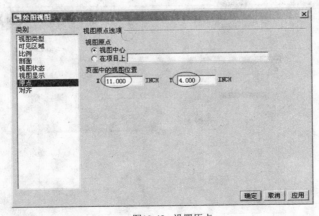

图10-43 设置原点

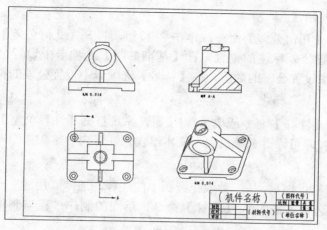

图10-44 最后创建的轴测视图

6. 保存文件。

在【文件】菜单中选择【保存】命令，保存文件，记住文件的存储位置，在稍后将继续在该文件中创建其他视图。

任务三 标注视图

一、视图上的尺寸标注

一项完整的工程图还应该包括各项视图标注，如必要的尺寸标注、必要的符号标注及必要的文字标注等。另外，在创建视图后还需要进一步修改视图上的设计内容。

由于 Pro/E 在创建工程图时使用已经创建的三维零件作为信息原型，因此在创建三维模型时的尺寸信息也将在工程图中被继承下来。在完成各向视图绘制后，可以重新显示需要的尺寸并隐藏不需要的尺寸。

(1) 【显示/拭除】对话框

在上工具箱上单击██按钮，打开【显示/拭除】对话框，该对话框包括【显示】和【拭除】两个面板。其中，【显示】面板用来设置视图上需要显示的项目，【拭除】面板用来设置需要从视图上删除的项目。

(2) 尺寸标注的调整

使用【显示/拭除】对话框创建的尺寸常常并不理想，这时可以进一步调整指定的尺寸标注，这主要包括工具条上的以下两个设计工具。

- ██：将选定的一组尺寸与其中第一个选定尺寸对齐。
- ██：打开【整理尺寸】对话框详细编辑尺寸。

(3) 添加新的标注

如果还需要在视图上添加新的尺寸标注，可以在工具条上单击██按钮，标注新的尺寸，在工程图上标注尺寸的方法与在二维草图上标注尺寸类似。

二、几何公差的标注

选择【插入】/【几何公差】命令或单击 按钮，打开【几何公差】对话框。在【模型参照】选项卡中设置公差标注的位置，在【基准参照】选项卡中设置公差标注的基准，在【公差值】选项卡中设置公差的数值，在【符号】选项卡中设置公差的符号。

三、标注注释

选择【插入】/【注释】命令或单击 按钮，系统打开【注释类型】菜单。在视图上选取注释标注位置后，即可通过系统的提示文本框输入注释内容。

四、插入球标

球标是一种特殊的注释，是一种放在圆圈中的注释，通常其用途之一是在组件工程图中表示不同的零件。选择【插入】/【球标】命令，后面的制作过程与制作注释相似，这里不再赘述。

五、插入表格

在工具栏上单击 按钮，可以在视图中加入表格，此时系统弹出【创建表】菜单，选择不同的选项创建各类表格。

六、视图的修改

创建视图后，如果还需要进一步修改视图，可以在需要修改的视图上双击鼠标，此时系统弹出【绘图视图】对话框，用于定义视图上的各项内容。

如果要删除某一视图，选取该视图后，在工具栏上单击 × 按钮即可。此外，如果在剖视图上双击鼠标，则可以在弹出的【修改剖面线】菜单中修改剖面线的基本内容，如剖面线的间距、倾角等。

【步骤解析】

1. 打开文件。

    在【文件】菜单中选择【打开】命令，打开任务 1 中保存的模型文件，继续在其上进行设计。

2. 标注和调整尺寸。

(1) 显示和移动尺寸。

    在上工具箱中单击 按钮，打开【显示/拭除】对话框。单击 显示 按钮，然后单击【类型】选项区域中的 （尺寸）按钮和 （轴）按钮，使用【显示方式】中的【特征】单选按钮确定尺寸显示方式。单击 显示全部 按钮，得到如图 10-45 所示的效果图，单击 接受全部 按钮接受全部尺寸后关闭【显示/拭除】对话框。

(2) 移动尺寸。

    单击选取尺寸，使之变为红色。当鼠标形状变为 后，将位置重叠的尺寸移开，结果如图 10-46 所示。

此时得到的尺寸标注很不规范，大多数尺寸主要集中在主视图上。底板上的台阶孔不但标注的视图位置不合理，而且左右两侧重复标注，模型的总高尺寸标注也不合理，因此需要进一步调整尺寸标注。

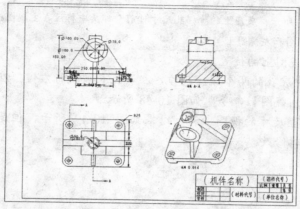

图10-45 显示尺寸后的视图

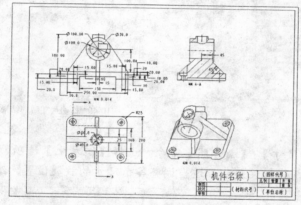

图10-46 移动尺寸后的视图

(3) 拭除不规范和重复标注的尺寸。

再次打开【显示/拭除】对话框，单击 拭除 按钮，在 拭除方式 里选中 ⊙ 所选项目 单选按钮。放大视图，注意检查各个尺寸，选中需要删除的尺寸后，单击鼠标中键，将其删除，也可按住 Ctrl 键选取一组尺寸后，再单击鼠标中键，删除全部不合理的尺寸标注后得到的效果图如图 10-47 所示。

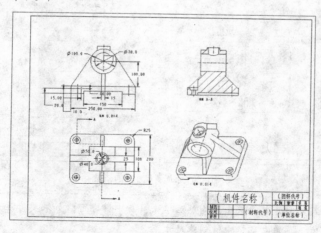

图10-47 删除部分尺寸后的视图

如图 10-47 所示，底座上的阶梯孔尺寸目前全部集中标注在主视图上，现将其移动到表达更为直观的俯视图和左视图上。

(4)　移动尺寸标注在视图上的位置。

　　按住 Ctrl 键选中沉孔的两个深度尺寸，在其上长按鼠标右键，在弹出的快捷菜单中选择【将项目移动到视图】命令，如图 10-48 所示。

　　选取左视图为放置尺寸的视图，移动结果如图 10-49 所示，但是移动后的结果并不理想，稍后继续编辑修改。

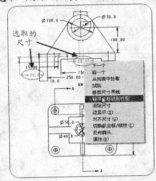

图10-48　选取移动对象

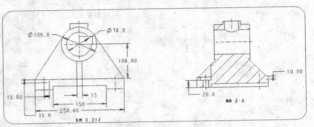

图10-49　移动尺寸后的结果

(5)　添加新尺寸。

　　选择【插入】/【尺寸】/【新参照】命令。选择【图元上】选项，仿照在草绘模式下标注尺寸的方法为视图标注尺寸。适当调整各个尺寸的放置位置，结果如图 10-50 所示。

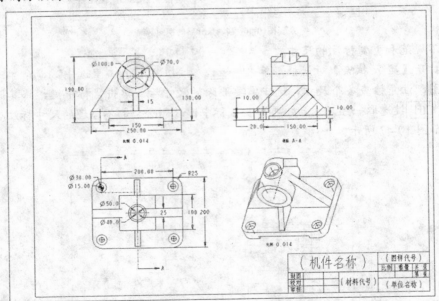

图10-50　添加新尺寸后的结果

　　标注半径尺寸时，单击选中圆周然后单击鼠标中键即可；如果要标注直径尺寸，需要用鼠标单击圆周两次，再单击鼠标中键创建尺寸。

(6) 设置尺寸文本放置方式。

在绘图区域中，长按鼠标右键弹出快捷菜单，选择【属性】命令。选择【绘图选项】选项，修改 text_orientation 选项的特征值为 "parallel_diam_horiz"，完成后退出。将尺寸平行尺寸线放置，并且在水平方向布置直径尺寸，最后得到的效果图如图 10-51 所示。

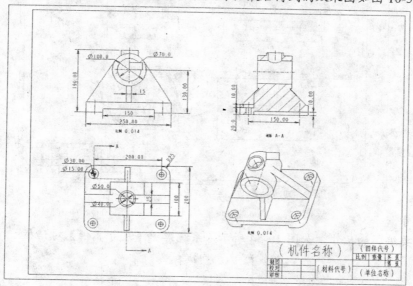

图10-51 设置尺寸标注形式后的结果

(7) 对齐尺寸。

选取要对齐的多个尺寸，单击鼠标右键，在弹出的快捷菜单中选择【对齐尺寸】命令，或在上工具箱中单击 ⊞ 按钮，得到的结果如图 10-52 所示。

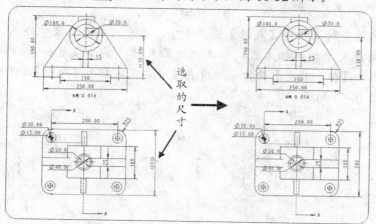

图10-52 对齐尺寸后的结果

3. 标注尺寸公差。

(1) 打开公差显示。

在绘图区域中，长按鼠标右键弹出快捷菜单，选择【属性】命令。选取【绘图选项】选项，修改 tol_display 选项的特征值为 "yes"，显示尺寸公差，最后得到的效果图如图 10-53 所示。

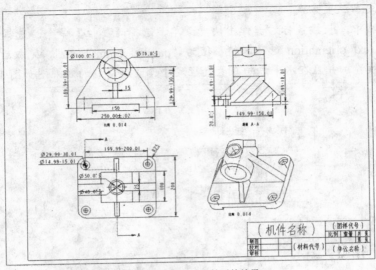

图10-53 显示尺寸公差后的结果

(2) 编辑尺寸。

双击所要编辑的尺寸，如图 10-54 所示，系统弹出【尺寸属性】对话框。

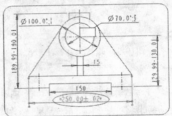

图10-54 选取的尺寸

在【尺寸属性】对话框的【属性】选项卡中，用户可以设置尺寸公差、尺寸文本的小数位数及角度尺寸的标注方式，如果选定的尺寸不需要设置公差，可以在【尺寸属性】对话框的【值和公差】分组框中设置【公差模式】为【象征】，调整完全部公差后的视图如图 10-55 所示。

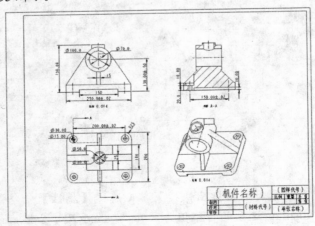

图10-55 最后创建的工程图

4. 编辑注释。

(1) 编辑文本内容。

双击左视图下部的【剖面 A-A】字样，打开【注释属性】对话框。

在【注释属性】对话框的【文本】选项卡删掉"剖面"二字，如图 10-56 所示。

(2) 编辑文本样式。

单击【注释属性】对话框的【文本样式】标签，打开【文本样式】选项卡，在【注释/尺寸】分组框的【水平】下拉列表中选择【中心】选项，最后得到的效果图如图 10-57 所示。

图10-56 【注释属性】对话框

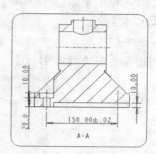

图10-57 修改后的视图

(3) 保存尺寸。

在绘图区域中，长按鼠标右键弹出快捷菜单，选择【属性】命令。

选取【绘图选项】选项，修改 create_drawing_dims_only 选项的特征值，决定将尺寸保存在相关的零件中还是保存在绘图中。读者自己把握。

当设置为"no"（默认）时，系统把绘图中创建的所有新模型尺寸（非草绘尺寸）保存在相关零件或组件中，绘制尺寸依然保存到绘图中。

设置为"yes"时，将在绘图中创建的所有新尺寸仅保存在绘图中。

5. 标注形位公差。

(1) 设置基准。

双击图 10-58 所示的轴线，系统弹出【轴】对话框。

设置如图 10-59 所示，最后创建的基准如图 10-60 所示。

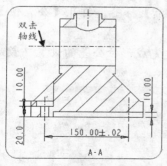

图10-58 选取轴线

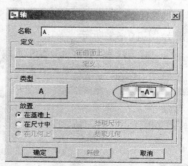

图10-59 【轴】对话框

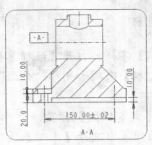

图10-60　创建基准后的结果

(2)　设置对称度公差。

在上工具箱中单击囲按钮，打开【几何公差】对话框。

选取对称度公差 ∥ 。

在参照类型下拉列表中选择【轴】选项，单击 选取图元 按钮，选取上一步创建的轴A。

选取放置类型为【带引线】，如图 10-61 所示。

图10-61　【几何公差】面板

单击 放置几何公差 按钮，选取如图 10-62 所示的孔内表面，然后单击鼠标中键，最后创建的公差标注如图 10-63 所示。

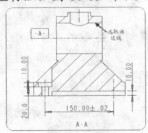

图10-62　选取参照

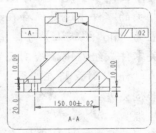

图10-63　标注结果

单击【几何公差】对话框的【基准参照】标签，打开【基准参照】选项卡，设置如图 10-64 所示。单击【几何公差】对话框的【公差值】标签，打开【公差值】选项卡，设置如图 10-65 所示。

单击 移动 按钮，将几何公差移动到适当位置，完成形位公差的设置，最后得到的效果图如图 10-66 所示。

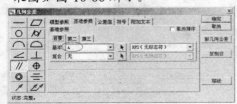

图10-64　【几何公差】面板

图10-65　【几何公差】面板

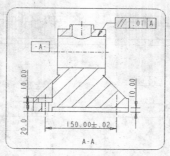

图10-66 标注结果

继续标注工程图的其他形位公差，最后得到的效果图如图 10-67 所示。

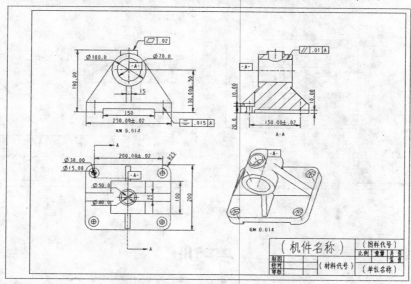

图10-67 完善后的视图

6. 标注表面粗糙度。

(1) 在【插入】菜单中选择【表面光洁度】命令，打开【得到符号】菜单，选择【检索】选项，浏览到【machined】文件夹，双击打开 "standard1.sym" 文件。

(2) 在【实例依附】菜单中选择【法向】命令。

(3) 选取图 10-68 所示的面，并输入粗糙度值为 "3.2"，完成表面粗糙度标注，最后得到的效果如图 10-69 所示。

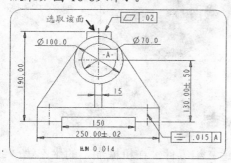

图10-68 选取参照

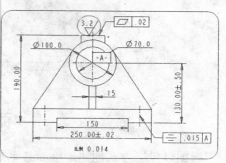

图10-69 标注结果

Pro/ENGINEER 中文野火版 4.0 项目教程

(4) 使用同样的方法标注其他地方的粗糙度，最后的效果图如图 10-70 所示。

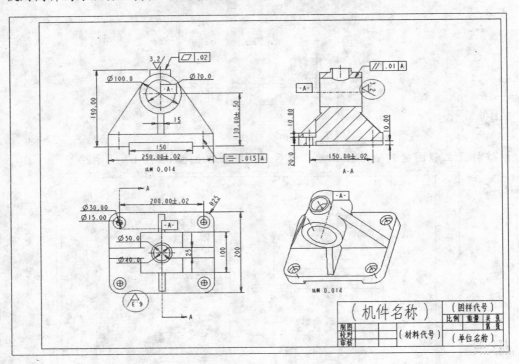

图10-70 标注结果

实训

打开教学资源文件"\项目10\素材\法兰\flang.prt"，如图 10-71 所示，确定该法兰零件的工程图表达方案。

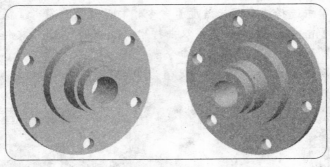

图10-71 法兰零件

项目小结

工程图以投影方式创建一组二维平面图形来表达三维零件，在机械加工的生产第一线用作指导生产的技术语言文件，具有重要的地位。

工程图包含一组不同类型的视图，这些视图分别从不同视角以不同方式来表达模型特定方向上的结构，应该深刻理解各种视图类型的特点及其应用场合。在创建第一个视图时，一般视图是唯一的选择。一般来说，对于复杂的三维模型，仅仅使用一个一般视图表达零件远远不够，这时可以再添加投影视图，以便从不同角度来表达零件。

　　如果零件结构比较复杂且不对称，必须使用全视图。如果零件具有对称结构，可以使用半视图。如果只需要表达零件的一部分结构，则可以使用局部视图。如果需要表达零件上位置比较特殊的结构，如倾斜结构，可以使用辅助视图。如果需要表达结构复杂但尺寸相对较小的结构，可以使用详细视图。如果需要简化表达尺寸较大而结构单一的零件，可以采用破断视图。如果需要表达零件的断面形状，可以使用旋转视图。此外，为了表达零件的内腔结构和孔结构，可以使用剖视图。同样地，根据这些结构是否对称、是否需要部分表达等情况可以分别使用全剖视图、半剖视图和局部剖视图。

　　在创建工程图时，如果使用系统提供的模板进行设计，系统会自动使用第三角画法创建零件的 3 个正交视图。如果不使用模板进行设计，则必须自行使用参照依次创建需要的视图。

思考与练习

打开教学资源文件 "\项目 10\素材\box\box.prt"，如图 10-72 所示。

(1) 为该模型创建一般视图。

(2) 为该模型创建投影视图。

图10-72　参照模型

项 目 十 一

掌握机构仿真设计的一般方法

使用基本建模工具创建零件模型后，接下来需要将单个的零件组装为整机。大多数机械中都包括能够产生相对运动的机构，完成零件组装后，除了检查产品的结构是否完整外，还需要通过仿真分析检查部件之间的相对运动是否协调、有无干涉，接下来还可以进一步进行受力分析和优化设计。

学习目标

- 理解机械仿真设计的意义。
- 理解常用连接的形式及其用途。
- 掌握机械仿真设计的基本步骤。
- 结合实例掌握仿真设计的基本流程和技巧。

任务一 学习凸轮机构运动仿真原理

基础知识

在装配模式下，选择【应用程序】/【机构】命令，即可进入仿真设计环境。此时的模型树窗口被划分为上下两个子窗口，如图11-1所示。

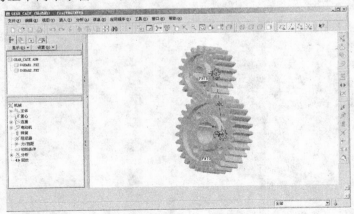

图11-1 仿真设计环境

对一个机构进行仿真分析主要包括以下工作。

(1) 创建零部件

借助 Pro/E 强大的三维建模功能可以比较方便地创建出符合要求的三维实体模型。

(2) 创建机构连接

使用模型组装的方法创建机构连接，除了可以在机构中创建多种形式约束零部件运动的运动副，还可以创建弹簧和阻尼器等特殊约束。

(3) 创建驱动器

通过驱动器给机构添加运动动力，运动驱动器提供的动力既可以是恒定的（使机构产生恒定的速度或加速度），也可以是符合特定函数关系的动力（使机构产生按照一定规律变化的速度和加速度）。

(4) 仿真分析

通过仿真分析，可以获得需要的分析结果。Pro/E 提供的仿真分析结果形式多样，有直观的动画演示，也有数据图标等。

简要概括起来，机构仿真分析的基本流程如图 11-2 所示。

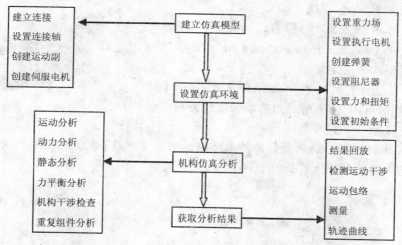

图11-2 机构仿真分析的基本流程

【步骤解析】

本例将要设计的凸轮机构如图 11-3 所示。

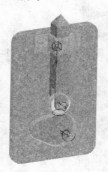

图11-3 凸轮机构

1. 新建文件。
(1) 选择【文件】/【新建】命令，新建名为 "cam_follower" 的组件文件。
(2) 取消勾选【使用缺省模板】复选框，选用 "mmns_asm_design" 模板，随后进入组件环境。
2. 装配机座。
(1) 在右工具箱中单击 按钮，使用浏览方式打开教学资源文件 "项目11\素材\ cam_follower\body.prt"，该零件为一机座模型，如图 11-4 所示。
(2) 在设计界面空白处单击鼠标右键，在弹出的快捷菜单中选择【固定的约束】命令，完全约束后的模型位置如图 11-5 所示。

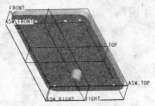

图11-4 机座模型

图11-5 完全约束后的机座模型

3. 装配凸轮。
(1) 再次在右工具箱中单击 按钮，打开教学资源文件 "项目11\素材\cam_follower \cam.prt"，该零件为一凸轮模型，如图 11-6 所示。
(2) 在 用户定义 下拉列表中选择约束类型为【销钉】，分别选取图 11-7 所示的基准轴线作为约束参照，创建【轴对齐】约束。

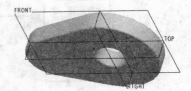

图11-6 凸轮模型

(3) 继续选取图 11-8 所示的表面作为约束参照，创建【平移】约束，子类型为【重合】。
(4) 单击鼠标中键退出，结果如图 11-9 所示。

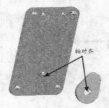

图11-7 选取轴线

图11-8 选取面

4. 装配固定块。
(1) 在右工具箱中单击 按钮，打开教学资源文件 "项目11\素材 \cam_follower\ gudingkuai.prt"，该零件为一固定块模型，如图 11-10 所示。

图11-9 凸轮装配结果

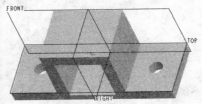

图11-10 固定块模型

(2) 选取图 11-11 所示的基准轴线作为约束参照，创建【对齐】约束，如图 11-12 所示。

提示 可先创建一组【对齐】约束，然后在【放置】上滑面板中单击【新建约束】再创建另一组【对齐】约束，如图 11-13 所示。

(3) 继续单击【新建约束】，选取图 11-14 所示的表面作为约束参照，创建【匹配】约束。

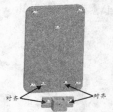

图11-11 选取【对齐】约束参照

图11-12 设置【对齐】约束

(4) 单击鼠标中键退出，结果如图 11-15 所示。

图11-13 新建约束

图11-14 选取【匹配】约束参照

5. 装配滑杆。

(1) 再次在右工具箱中单击 按钮，打开教学资源文件 "项目11\素材\cam_follower\huagan.prt"，该零件为一滑杆模型，如图 11-16 所示。

图11-15 固定块装配结果

图11-16 滑杆

(2) 设置约束类型为【滑动杆】，分别选取图 11-17 所示的两个边线作为【轴对齐】的约束参照。

(3) 继续选取图 11-18 所示的表面作为【旋转】参照。

提示 设置约束前要把滑杆调整到图示的方向，如果装配出的组件中滑杆方向不对，可重新编辑定义，在【放置】上滑面板中单击 反向 按钮，然后重新设置【旋转】参照。读者可反复设置，通过练习摸索其中的技巧。

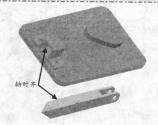

图11-17 选取轴对齐参照

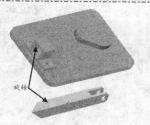

图11-18 选取【旋转】参照

(4) 按住键盘的 Ctrl+Alt 组合键，再按住鼠标左键把滑杆往上拉，调整滑杆位置以方便后面装配。

(5) 设置完毕后单击鼠标中键退出，结果如图 11-19 所示。

6. 装配销钉。

(1) 在右工具箱中单击 ⬛ 按钮，打开教学资源文件 "项目11\素材\cam_followe\pin.prt"，该零件为一销钉模型，如图 11-20 所示。

图11-19 滑杆装配结果   图11-20 销钉模型

(2) 选取图 11-21 所示的两个轴线作为参照创建【对齐】约束。

(3) 继续选取图 11-22 所示的表面作为参照创建【对齐】约束。

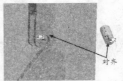

图11-21 选取【对齐】约束参照轴线   图11-22 选取【对齐】约束参照面

(4) 设置完毕后单击鼠标中键退出，结果如图 11-23 所示。

7. 装配轴承。

(1) 再次在右工具箱中单击 ⬛ 按钮，打开教学资源文件 "项目11\素材\cam_follower\bear.prt"，该零件为一轴承模型，如图 11-24 所示。

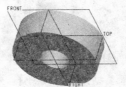

图11-23 销钉装配结果   图11-24 轴承模型

(2) 设置约束类型为【销钉】，分别选取图 11-25 所示的基准轴线作为约束参照，创建【轴对齐】约束。

(3) 继续选取图 11-26 所示的表面作为约束参照，创建【平移】约束，偏移距离为 "0.5"。

(4) 设置完毕后单击鼠标中键退出，结果如图 11-27 所示。

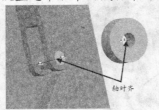

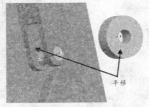

图11-25 选取参照轴线   图11-26 选取参照表面   图11-27 轴承装配结果

8. 检查机构是否能顺利装配成机构组件。

把鼠标放在要移动的元件上，按住键盘的 Ctrl+Alt 组合键，拖动鼠标的左键上下移动，机构就可以按要求运动，但此时滑动杆还不能随着凸轮的运动而运动，如图 11-28 所示。

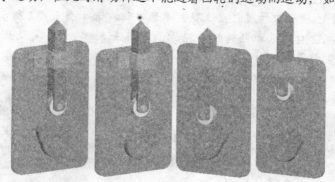

图11-28 组件的运动状态

9. 进入机构设计/分析模块。

(1) 选择【应用程序】/【机构】命令，进入运动仿真模块。

(2) 检查元部件之间的连接。在上工具箱中单击 ⊞ 按钮，打开【连接组件】对话框，单击 运行 按钮开始检测，在打开的【确认】对话框中单击 ▨ 按钮。

10. 设置伺服电动机。

(1) 在右工具箱中单击 ⌒ 按钮，打开【伺服电动机定义】对话框，修改电动机的名称为 "Master_Motor"。

(2) 选取凸轮和机座的连接轴作为参照，如图 11-29 所示，使电动机的运动轴落于此轴上，即动力源在此轴上。

(3) 单击 反向 按钮可以使电动机反向（电动机是以右手定则来定义方向的），此例使电动机的法向指向外，如图 11-30 所示。

参照运动轴

图11-29 参照运动轴

图11-30 电动机的法向

(4) 进入【轮廓】选项卡，设置规范类型为【速度】，模为【常数】，值为 72，即电动机以 72°/s 的速度等速转动。

(5) 单击对话框中的 ⊠ 按钮，以图形方式显示电动机速度的函数曲线，其速度曲线为一水平直线，大小为 72。

(6) 单击 确定 按钮退出，模型上显示出电机的符号，如图 11-31 所示。

11. 设置凸轮连接。

(1) 在右工具箱中单击 ⊙ 按钮，打开【凸轮从动机构连接定义】对话框，凸轮的名称被设为 "Cam Follower1"，也可以修改其名称，这里采用默认值。

(2) 选中【凸轮 1】选项卡中的【自动选取】单选按钮，选择图 11-32 所示的凸轮的圆弧面作为参照，则系统会自动选取凸轮的外轮廓面，单击 确定 按钮，定义凸轮，如图 11-33 所示，凸轮面的法向箭头指向外侧。

图11-31 电机符号

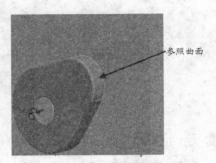

图11-32 选取参照曲面 1

(3) 打开【凸轮 2】选项卡，仿照凸轮 1 的定义方法选取图 11-34 所示的曲面作为参照，系统自动选取轴承的外轮廓面作为参照，如图 11-35 所示。

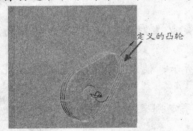

图11-33 凸轮面 1

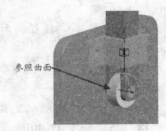

图11-34 选取参照曲面 2

(4) 单击【凸轮从动机构连接定义】对话框中的 确定 按钮完成凸轮副定义，模型上显示出凸轮的符号，如图 11-36 所示。

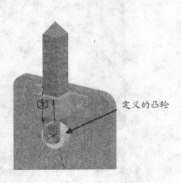

图11-35 凸轮面 2

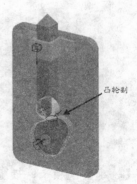

图11-36 凸轮副

12. 进行机构运动分析和仿真。

(1) 在右工具箱中单击 ✕ 按钮打开【分析定义】对话框，将机构分析的【名称】设为 "cam_follower"。

(2) 类型栏选择【运动学】选项，以进行机构的运动分析。

(3) 设置终止时间为10s，先前设置的电机速度为72°/s，这样机构刚好可以运动两圈。

(4) 单击 运行 按钮机构开始运行，完成后单击 确定 按钮退出。

13. 播放机构分析及仿真的结果。

(1) 在右工具箱中单击 ◄► 按钮，打开【回放】对话框，继续单击对话框中的 ◄► 按钮，打开【动画】对话框，单击 ▶ 按钮播放机构运动。

(2) 单击对话框中的 捕获... 按钮打开【捕获】对话框，名称默认为"CAM_FOLLOWER.mpg"，类型为【MPEG】，接受默认的图像大小，单击 确定 按钮，进入捕获界面。

(3) 捕获出来的 MPEG 格式的视频文件自动保存在工作目录下，用 Windows Media Player 等播放器可以打开。

(4) 单击【回放】对话框中的 □ 按钮，保存当前结果，接受默认的文件名称"shaping_machine.pbk"。

14. 测量滑杆顶点的位置随着时间变化的曲线。

(1) 在右工具箱中单击 ⊠ 按钮，打开【测量结果】对话框，在【图形类型】选项中选择【测量与时间】选项。

(2) 单击对话框中的 □ 按钮，打开【测量定义】对话框，如图 11-37 所示，输入测量名称"position"，测量类型设置为【位置】选项。

(3) 选取图 11-38 所示的基准点 PNT0 作为要测量的点，选取机座上的坐标系 CS0 作为坐标系参照，如图 11-39 所示。在分量中选择【Z 分量】，如图 11-40 所示。接受默认的评估方法【每个时间步长】，单击 确定 按钮退出。

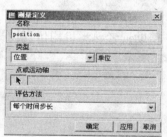

图11-37 【测量定义】对话框

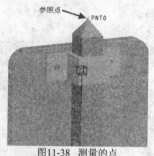

图11-38 测量的点

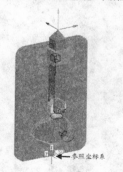

图11-39 设置参照坐标系

图11-40 【测量定义】对话框

(4) 在【测量结果】对话框中选中测量名称"position"和结果集"cam_follower"，在测量栏内显示参照点在当前的位置值为"227"，如图 11-41 所示。

(5) 单击 按钮，绘制滑杆的顶点 PNT0 在坐标系 CS0 中的位置 Z 分量（垂直方向）随着时间变化的函数曲线图形，如图 11-42 所示。从图形中可以看出，测量点在 3.9s 和 8.9s 时达到最高位置为 246.937，最低位置为 227。

图11-41 【测量结果】对话框

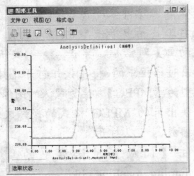

图11-42 函数曲线图形

15. 保存文件。

(1) 单击上工具箱中的 按钮，保存文件，默认的文件名为 "CAM_FOLLOWER.ASM"。

(2) 选择【拭除】/【当前】命令，打开【拭除】对话框，按 Enter 键确认。

(3) 继续选择【拭除】/【不显示】命令，打开【拭除未显示的】对话框，按 Enter 键确认。

任务二 学习行星齿轮机构的运动仿真原理

基础知识

在本任务中，我们将进一步学习机构仿真设计原理，帮助读者熟悉机构仿真设计的基本流程和设计技巧。本例将要设计的行星齿轮机构如图 11-43 所示。

图11-43 行星齿轮机构

【步骤解析】

1. 新建文件。

(1) 选择【文件】/【新建】命令，新建名为 "planet_gear" 的组件文件。

(2) 取消勾选【使用缺省模板】复选框，选用 "mmns_asm_design" 模板，随后进入组件环境。

2. 装配机座。

(1) 在右工具箱中单击 按钮，使用浏览方式打开教学资源文件"项目11\素材\planet_gear\body.prt"，该零件为一机座模型，如图11-44所示。

(2) 在设计界面空白处单击鼠标右键，在弹出的快捷菜单中选择【缺省约束】命令。完全约束后的模型位置如图11-45所示。

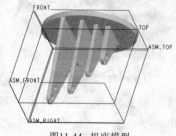

图11-44 机座模型

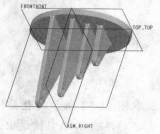

图11-45 完全约束后的模型

3. 装配外齿轮1。

(1) 在右工具箱中单击 按钮，打开教学资源文件"项目11\素材\planet_gear\gear_1.prt"，该零件为一齿轮模型，如图11-46所示。

(2) 设置约束类型为【销钉】，分别选取图11-47所示的基准轴线作为约束参照，创建【轴对齐】约束。

图11-46 外齿轮1

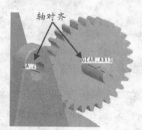

图11-47 选取参照轴线

(3) 继续选取图11-48所示的表面作为约束参照，创建【平移】约束。设置约束子类型为【偏移】，偏距为"2"，如图11-49所示。

(4) 设置完毕后单击鼠标中键退出，结果如图11-50所示。

图11-48 选取参照平面

图11-49 设置偏距

图11-50 外齿轮1装配结果

4. 装配外齿轮2。

(1) 再次在右工具箱中单击 按钮，打开教学资源文件"项目11\素材\planet_gear\gear_2.prt"，该零件为一齿轮模型，如图11-51所示。

(2) 设置约束类型为【销钉】，分别选取图 11-52 所示的基准轴线作为约束参照，创建【轴对齐】约束。

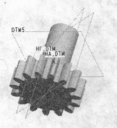

图11-51　外齿轮 2

图11-52　选取参照轴线

(3) 继续选取图 11-53 所示的表面作为约束参照，创建【平移】约束，偏移距离 "2"。
(4) 设置完毕后单击鼠标中键退出，结果如图 11-54 所示。

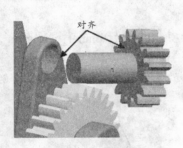

图11-53　选取参照平面

图11-54　外齿轮 2 装配结果

5.　装配外齿轮 3。

(1) 再次在右工具箱中单击 按钮，打开教学资源文件 "项目 11\素材\planet_gear\gear_3.prt"，该零件为一齿轮模型，如图 11-55 所示。

(2) 设置约束类型为【销钉】，分别选取图 11-56 所示的基准轴线作为约束参照，创建【轴对齐】约束。

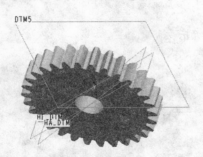

图11-55　外齿轮 3

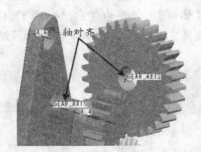

图11-56　选取参照轴线

(3) 继续选取图 11-57 所示的表面作为约束参照，创建【平移】约束，平移距离为 "2"。

 由于外齿轮 2 的圆柱底面不好选取，可在 全部 下拉菜单中选取曲面，然后用鼠标仔细捕捉该底面进行选取。

(4) 设置完毕后单击鼠标中键退出，结果如图 11-58 所示。

图11-57 选取参照平面

图11-58 外齿轮3装配结果

6. 装配外齿轮4。

(1) 再次在右工具箱中单击 按钮，打开教学资源文件 "项目11\素材\planet_gear\gear_4.prt"，该零件为一齿轮模型，如图 11-59 所示。

(2) 设置约束类型为【销钉】，分别选取图 11-60 所示的基准轴线作为约束参照，创建【轴对齐】约束。

图11-59 外齿轮4

图11-60 【轴对齐】约束参照

(3) 继续选取图 11-61 所示的表面作为约束参照，创建【平移】约束，偏移距离为 "2"。

(4) 设置完毕后单击鼠标中键退出，结果如图 11-62 所示。

图11-61 【平移】约束参照

图11-62 外齿轮4装配结果

7. 装配内齿轮。

(1) 再次在右工具箱中单击 按钮，打开教学资源文件 "项目11\素材\planet_gear\inner_gear.prt"，该零件为一内齿轮模型，如图 11-63 所示。

(2) 设置约束类型为【销钉】，分别选取图 11-64 所示的基准轴线作为约束参照，创建【轴对齐】约束。

(3) 继续选取图 11-65 所示的表面作为约束参照，创建【平移】约束，平移距离为 "2"。

> 提示　请注意内齿轮两面的区别，选取内齿轮参照平面时注意方向，选取的是靠齿那一面的平面。

(4) 设置完毕后单击鼠标中键退出，结果如图 11-66 所示。

图11-63 内齿轮模型

图11-64 【轴对齐】参照

图11-65 【平移】参照

图11-66 内齿轮装配结果

8. 装配外齿轮5。

(1) 再次在右工具箱中单击 ![按钮] 按钮，打开教学资源文件 "项目11\素材\planet_gear\gear_5.prt"，该零件为一齿轮模型，如图 11-67 所示。

(2) 设置约束类型为【销钉】，分别选取图 11-68 所示的基准轴线作为约束参照，创建【轴对齐】约束。

图11-67 外齿轮5

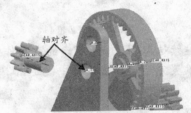

图11-68 【轴对齐】参照

(3) 继续选取图 11-69 所示的表面作为约束参照，创建【平移】约束，平移距离为 "2"。

(4) 设置完毕后单击鼠标中键退出，结果如图 11-70 所示。

图11-69 【平移】参照

图11-70 外齿轮5装配结果

9. 装配外齿轮6。

(1) 再次在右工具箱中单击 ![按钮] 按钮，打开教学资源文件 "项目11\素材\planet_gear\gear_6.prt"，该零件为一齿轮模型，如图 11-71 所示。

(2) 设置约束类型为【销钉】，分别选取图 11-72 所示基准轴线作为约束参照，创建【轴对齐】约束。

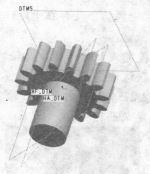

图11-71　外齿轮6

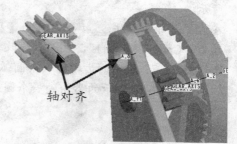

轴对齐

图11-72　【轴对齐】约束参照

(3) 继续选取图11-73所示的表面作为约束参照，创建【平移】约束，平移距离为"2"。

(4) 设置完毕后单击鼠标中键退出，结果如图11-74所示。整个模型的装配结果如图11-75所示。

平移

图11-73　【平移】约束参照

图11-74　外齿轮6装配结果

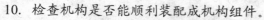

图11-75　最终装配结果

10. 检查机构是否能顺利装配成机构组件。

把鼠标放在要移动的元件上，按住键盘的 Ctrl + Alt 组合键，拖动鼠标左键旋转各个齿轮，但此时只是单个齿轮运动，不能组成齿轮副运动，因为还没有设置齿轮连接。

11. 进入机构设计/分析模块。

(1) 选择【应用程序】/【机构】命令，进入运动仿真模块。

(2) 检查元部件之间的连接。在上工具箱中单击 ⊞ 按钮打开【连接组件】对话框，单击 运行 按钮开始检测，在打开的【确认】对话框中单击 按钮。

12. 调整齿轮的位置。

提示　　齿轮装配之后，两个齿轮的齿一般都没有对齐，故需要调整。这里借助凸轮连接来调整各个齿轮的位置。

(1) 调整外齿轮 1 和外齿轮 2 的位置，调整之前，两个齿轮的啮合处存在干涉，如图 11-76 所示。

(2) 在右工具箱中单击 按钮，打开【凸轮从动机构连接定义】对话框，凸轮的名称被设置为 "Cam Follower1"，也可以修改其名称，这里用默认值。

(3) 选择图 11-77 所示的齿轮的一个圆弧面作为参照，定义凸轮 1，打开【凸轮 2】选项卡后选择图 11-78 所示的齿轮的一个圆弧面作为参照，定义凸轮 2。

图11-76 干涉位置

图11-77 选取参照1

(4) 单击【凸轮从动机构连接定义】对话框中的 确定 按钮，完成凸轮副定义，这时两个齿轮的齿就相切在一起了，如图 11-79 所示。

图11-78 选取参照2

图11-79 调整结果1

(5) 使用前面叙述的方法对后面有啮合的齿轮设置凸轮副，调整结果如图 11-80 所示。

13. 记录元件的当前位置。

在上工具箱中单击 按钮，打开图 11-81 所示的【拖动】对话框，单击 按钮创建一张快照 "Snapshot1"，记录下当前界面上所有元件的相对位置，保护先前调整的劳动成果。

图11-80 调整结果2

图11-81 【拖动】对话框

14. 设置齿轮副。

(1) 设置外齿轮 1 和外齿轮 2 的连接。

在右工具箱中单击 按钮，打开【齿轮副定义】对话框，齿轮副的名称被自动设为 "GearPair1"，也可以修改齿轮副的名称，这里用默认值。

接受默认的齿轮副类型【标准】，选取图 11-82 所示的连接轴作为齿轮 1 的运动轴，设置齿轮 1 的节圆直径为 45mm。

打开【齿轮 2】选项卡，使用前面的方法选取图 11-83 所示的连接作为齿轮 2 的运动轴，设置齿轮 2 的节圆直径为 22.5mm。

图11-82　选取参照轴 1

图11-83　选取参照轴 2

单击【齿轮副定义】对话框中的 ▢确定 按钮，完成齿轮副定义，画面中显示两个齿轮连接的符号，如图 11-42 所示。

(2) 设置外齿轮 2 和外齿轮 3 的连接。

使用前面叙述的方法，选取图 11-84 所示的两个连接轴作为参照定义齿轮副，节圆直径均为 22.5mm，在【齿轮 2】选项卡中单击 ✄ 按钮，调整其转向与主动齿轮相同，结果如图 11-85 所示。

图11-84　选取参照轴

图11-85　设计结果

(3) 设置外齿轮 3 和外齿轮 4 的连接。

使用前面叙述的方法，选取图 11-86 所示的两个连接轴作为参照定义齿轮副，节圆直径分别为 45mm 和 18mm，结果如图 11-87 所示。

图11-86　选取参照轴

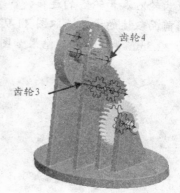

图11-87　设计结果

(4) 设置外齿轮 4 和内齿轮的连接。

使用前面叙述的方法选取图 11-88 所示的两个连接轴作为参照定义齿轮副，节圆直径均为 18mm，在【齿轮 2】选项卡中单击 $\times$ 按钮，调整其转向与主动齿轮相同，结果如图 11-89 所示。

图11-88 选取参照轴

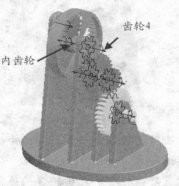

图11-89 设计结果

(5) 设置内齿轮和外齿轮 6 的连接。

使用前面叙述的方法选取图 11-90 所示的两个连接轴作为参照定义齿轮副，节圆直径分别为 60mm 和 22.5mm，由于这里是内啮合，主从动齿轮的转向相同，而 Pro/E 中默认的齿轮的运动方向是相反的，所以在【齿轮 2】选项卡中单击 $\times$ 按钮，调整其转向与主动齿轮相同，结果如图 11-91 所示。

图11-90 选取参照轴

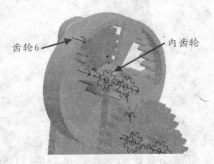

图11-91 设计结果

(6) 设置齿轮 6 和齿轮 5 的连接。

使用前面叙述的方法选取图 11-92 所示的两个连接轴作为参照定义齿轮副，节圆直径分别为 22.5mm 和 15mm，结果如图 11-93 所示。

图11-92 选取参照轴

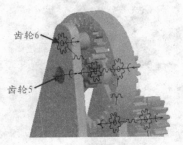

图11-93 设计结果

至此，所有的齿轮副都定义完成，一共有 6 对齿轮副连接，如图 11-94 所示。

图11-94 设计结果

15. 删除凸轮副并检测齿轮副。

之前为了精确定位两个齿轮的位置，借用了凸轮连接，在实际的运动仿真中，凸轮连接并没有用。因此在运动仿真之前，要把凸轮连接删掉。

(1) 在模型树的机构窗口中，按住 Ctrl 键选中 4 个凸轮连接，单击鼠标右键，在弹出的快捷菜单中选择【删除】命令，如图 11-95 所示。

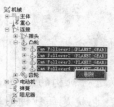

图11-95 删除操作

(2) 按住 Ctrl+Alt 组合键，用鼠标左键拖动齿轮 1 旋转，查看其余齿轮有无跟随转动，并且旋转方向是否符合实际。

16. 设置伺服电动机。

(1) 在右工具箱中单击 按钮，打开【伺服电动机定义】对话框，修改电动机的名称为 "Master_Motor"。

(2) 选取齿轮 1 的运动轴作为参照，如图 11-96 所示，使电动机的运动轴落于此轴上，即动力源在此轴上。单击 反向 按钮，使电动机反向（电动机是以右手定则来定义方向的），此例使电动机的法向指向外，如图 11-97 所示。

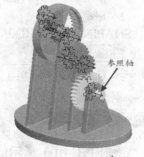

图11-96 选取参照轴

图11-97 动力源设置

(3) 进入【轮廓】选项卡，设置规范类型为【速度】，模为【常数】，值为 50，即电动机以 50° /s 的速度等速转动。

(4) 单击对话框中的  按钮，以图形方式显示电动机速度的函数曲线，如图 11-98 所示，其速度曲线为一平直线，大小为 50。

(5) 单击 确定 按钮退出，模型上显示出电动机的符号，如图 11-99 所示。

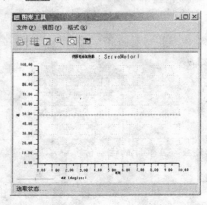

图11-98　速度曲线　　　　　　　　　　　　　　　图11-99　显示电动机符号

17. 进行机构运动分析和仿真。

(1) 在右工具箱中单击 按钮打开【分析定义】对话框，将机构分析的【名称】设为"planet_gear"。

(2) 类型栏选择【运动学】选项，以进行机构的运动分析。

(3) 设置终止时间为 5s，帧频为 50，也就是每秒钟摄取 50 个画面。

(4) 单击 运行 按钮，机构开始运行，完成后单击 确定 按钮退出。

18. 播放机构分析及仿真的结果。

(1) 在右工具箱中单击 按钮，打开【回放】对话框，继续单击对话框中的 按钮打开【动画】对话框，单击 ▶ 按钮，播放机构运动。

(2) 单击 捕获 按钮，打开【捕获】对话框，名称默认为"PLANET_GEAR.mpg"，类型为【MPEG】，接受默认的图像大小，单击 确定 按钮后进入捕获界面。

(3) 捕获出来的 MPEG 格式的视频文件自动保存在工作目录下，用"Windows Media Player"等播放器可以打开。

(4) 单击【回放】对话框中的 按钮保存当前结果，接受默认的文件名称"planet_gear.pbk"。

19. 保存文件。

(1) 单击上工具箱中的 按钮，保存文件，默认的文件名为"SHAPING_MACHINE.ASM"。

(2) 选择【拭除】/【当前】命令，打开【拭除】对话框，按 Enter 键确认。

(3) 继续选择【拭除】/【不显示】命令，打开【拭除未显示的】对话框，按 Enter 键确认。

实训——牛头刨床运动仿真

　　根据前面学过的知识，打开教学资源提供的模型文件，完成图 11-100 所示的牛头刨床的装配后，对其进行运动仿真分析。

图11-100 牛头刨床

操作提示如下。

(1) 创建连接，装配步骤如图 11-101 所示。

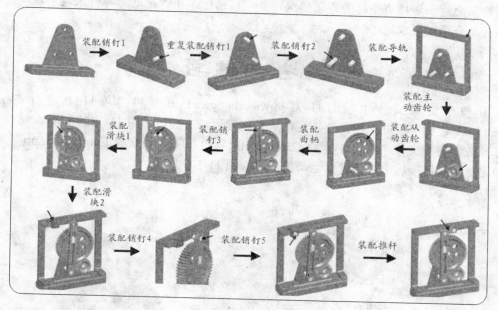

图11-101 装配原理示意图

(2) 检查机构是否能顺利装配成机构组件。

(3) 调整大小齿轮的位置。

(4) 设置齿轮连接。

(5) 设置伺服电动机。

(6) 进行机构运动分析和仿真。

(7) 播放机构分析及仿真的结果。

项目小结

随着计算机技术的日益成熟和完善，CAD/CAM/CAE 技术的有机结合已经逐步成为现代制造业的重要特色之一。在生产过程中，追求"高质量"和"高效率"始终是其不变的目标，但是要让两者达到完美统一却并非易事。

其实，在现代设计中随着 CAD/CAE 技术的发展和完善，设计者正在尝试将生产过程逐步纳入"虚拟"的轨道。所谓"虚拟"就是在不涉及真实物理材料的前提下，利用计算机提供的数字环境来模拟加工过程。与真实的加工对象相对应，在虚拟环境中使用一种被称为"数字样机"的三维实体模型来取代作为真实加工对象的"物理样机"。数字样机不但不需要消耗材料和能源，而且可以方便地对其进行编辑和修改。更为重要的是，设计人员在 CAE 设计环境中可以对数字样机进行全方位的仿真分析，借助系统强大的分析工具，可以迅速、直观、简便地获得设计的工作过程信息，以发现设计中潜在的缺陷。

在仿真分析之前，首先要明白约束连接和机构连接的区别，并对常用连接接头的用法和用途有明确的理解，能够在仿真分析之前使用合理的接头来完成机构的组装。完成机构组装后，通常需要进一步检查主体的连接情况，并可以通过手工"拖动"零件来观察机构运动的轨迹是否符合预期要求。

思考与练习

1. 打开教学资源文件"项目11\素材\Gearing\gear1.prt"和"项目11\素材\Gearing\gear2.prt"，为其创建正确的连接后，对其进行运动仿真，如图 11-102 所示。
2. 打开教学资源文件"项目11\素材\Cam\cam.prt"和"项目11\素材\Cam\pusher.prt"，为其创建正确的连接后，对其进行运动仿真，如图 11-103 所示。

图11-102　齿轮机构

图11-103　凸轮机构

项 目 十 二

掌握典型零件的模具设计技巧

当前，模具行业已经成为一个国家工业的重要组成部分。模具可以制造形状复杂的零部件，具有生产率高、节约材料、成本低廉和产品质量优良等优点。随着计算机技术的发展，手工制作模具的设计方式正逐渐向模具 CAD 方式转变。

本项目将介绍图 12-1 所示的鼠标盖零件的模具设计过程。

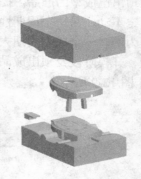

图12-1 鼠标盖零件的开模效果

- 理解模具的概念和用途。
- 掌握模具设计的基本原理。
- 掌握模具设计的基本流程。
- 掌握典型模具的设计技巧。

任务一 装配参照模型

基础知识

一、模具的结构及其生产过程

模具的发展源远流长，远古时期的陶瓷制作就运用了模具的原理并产生了最初的模具技术，而钢铁冶炼技术的出现促进了模具技术的发展，使得模具技术的应用范围进一步扩大。

当前，随着计算机技术的兴起，模具技术走上了发展的快车道，已经渗透到人们生活的各个方面，成为现代生产中的一项重要技术。

模具设计的主要工作就是设计凸模和凹模，一般说来，一副完整的模具主要包括图 12-2 所示的结构。模具生产系统示意图如图 12-3 所示。

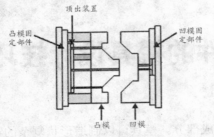

图12-2 完整的模具的结构

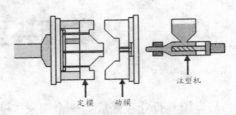

图12-3 生产系统示意图

凸模和凹模配合构成模腔，形成产品的外形，在模腔中填充固态或液态材料，在一定压力下成型后，形成产品。凸（凹）模固定零部件主要用来固定凸（凹）模，确保其在特定方向上的相对位置。顶出装置主要用来顶出已成型的产品，提高自动化程度，降低劳动强度。

生产时，凸模和凹模中的一个固定不动，另一个周期性地往复运动，在一个周期内可以生产出一个或多个产品。以注塑模具为例，一个成型周期大致经过 6 个阶段，即初始位置阶段、合模阶段、注塑阶段、成型阶段、开模阶段及顶出成品（恢复到初始位置）阶段。生产周期中各个阶段的示意图如图 12-4 至图 12-9 所示。

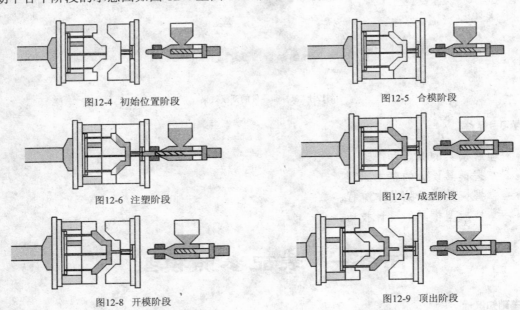

图12-4 初始位置阶段

图12-5 合模阶段

图12-6 注塑阶段

图12-7 成型阶段

图12-8 开模阶段

图12-9 顶出阶段

二、创建模具文件

启动 Pro/E 后，在上工具箱上单击□按钮，打开【新建】对话框，在【类型】分组框中选中【制造】单选按钮，在【子类型】分组框中选中【模具型腔】单选按钮，如图 12-10 所示。【子类型】中有若干选项，其中与模具设计相关的主要有以下 3 个选项。

- 【铸造型腔】：主要用于设计压铸模。
- 【模具型腔】：主要用于设计注射模。
- 【模面】：主要用于设计冲压模。

设计时，通常在【新建】对话框中取消勾选【使用缺省模板】复选框，然后在打开的【新文件选项】对话框中选择【mmns_mfg_mold】模板，如图 12-11 所示。

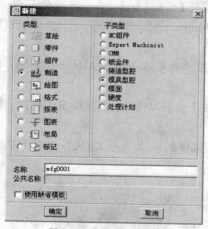

图12-10 【新建】对话框

图12-11 【新文件选项】对话框

使用 Pro/E 进行模具设计的基本流程如图 12-12 所示。

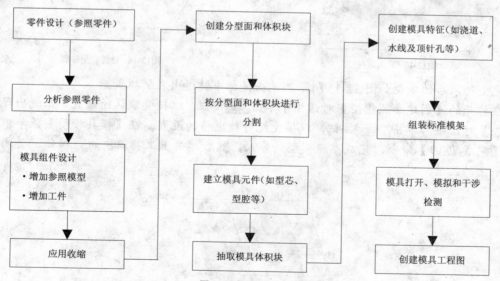

图12-12 模具设计的基本流程

三、参照零件及其应用

参照零件用于生成参照模型，为创建模具模型做准备。零件设计一般由造型工程师和结构工程师完成，不是模具设计师的主要工作。由于 3 类工程师所处的角度不同，时常会出现一些设计争议，例如按造型工程和结构工程完成的模型不满足模具设计的相关原则等。装配参照模型是指在已有相似或相同零件的情况下，直接通过调用参照模型来创建模具模型。

【步骤解析】

1.　创建模具文件。

　　单击 按钮，新建一个模具文件，输入文件名称 "Mouse_mold"，选择【mmns_mfg_mold】作为模板，完成后单击 确定 按钮，打开模具设计界面。

2.　创建参考零件。

(1)　在【模具】菜单管理器中选择【模具】/【模具模型】/【装配】/【参照模型】命令，系统打开先前设置的工作目录，双击参考零件 "Mouse.prt"，将其导入，如图 12-13 所示，系统打开装配操作界面。

(2)　选取参考零件的基准平面 FRONT，然后选取模具组件的基准平面 MAIN_PARTING_PIN，将约束类型改为【对齐】，完成第一组约束。

(3)　选取参考零件的基准平面 TOP，然后选取模具组件的基准平面 MOLD_RIGHT，将约束类型改为【对齐】，完成第二组约束。

(4)　选取参考零件的基准平面 DTM1，然后选取模具组件的基准平面 MOLD_FRONT，完成第三组约束，如图 12-14 所示。

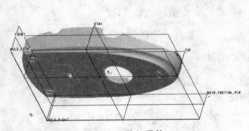

图12-13　导入零件

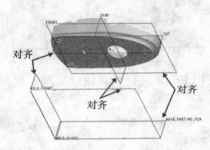

图12-14　设置装配参照

(5)　完全约束后的模型如图 12-15 所示，单击鼠标中键退出装配模式。

(6)　在打开的【创建参照模型】对话框中单击 确定 按钮，以接受默认的设置，系统出现【警告】对话框，单击 确定 按钮，以接受绝对精度值的设置。在【模具模型】菜单中选择【完成/返回】命令，完成参照模型的导入，然后单击上工具箱中的 按钮，关闭基准平面的显示。

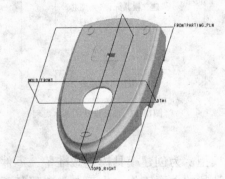

图12-15　完全约束后的模型

任务二 设置收缩率和创建工件

创建模具模型的收缩可为模型上的部分尺寸或全部尺寸创建各向同性的比例收缩或收缩系数，实现对由于温度变化而带来的热胀冷缩所产生的体积差异的补偿。由于各种熔融材料的物理性能不同，其收缩率也不尽相同，即使对于同一种熔融材料，不同的厂家在收缩率的设置上也有所差异。

工件是用于创建和分割模具的坯料，设计完成后，将其分割为多个相互独立的模具元件。

【步骤解析】

1. 设置收缩率。
(1) 在【模具】菜单管理器中选择【模具】/【收缩】/【按比例】命令，打开【按比例收缩】对话框，选取参考零件坐标系 PRT_CSYS_DEF 作为参照。
(2) 输入收缩率"0.005"后按 Enter 键确认，如图 12-16 所示，单击 ✓ 按钮，完成收缩率的设置。然后在【收缩】菜单中选择【完成/返回】选项，返回【模具】菜单管理器。

图12-16 设置收缩率

2. 创建工件。
(1) 在【模具】菜单管理器中选择【模具】/【模具模型】/【创建】/【工件】/【手动】命令，打开【元件创建】对话框，接受其中的默认设置，输入元件名称"Workpiece"，单击 确定 按钮，按 Enter 键确认，打开【创建选项】对话框，如图 12-17 所示。
(2) 在打开的【创建选项】对话框中选中【创建特征】单选按钮，单击 确定 按钮。
(3) 在【模具】菜单管理器中，选择【特征操作】/【实体】/【加材料】命令，打开【实体选项】菜单，选择【拉伸】、【实体】和【完成】命令，打开拉伸设计图标板。
(4) 选取基准平面 MAIN_PARTING_PIN 作为草绘平面，进入二维草绘模式。
(5) 选取基准平面 MOLD_FRONT 和 MOLD_RIGHT 作为标注和约束参照，绘制如图 12-18 所示的截面图形后，退出草绘模式。

图12-17 【元件创建】对话框

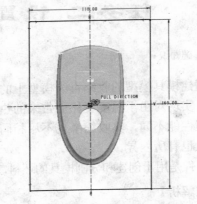

图12-18 绘制截面图

(6) 在图标板上单击 选项 按钮，打开上滑参数面板，设置【第 1 侧】和【第 2 侧】的拉伸深度分别为 "36" 和 "36"，完成后单击鼠标中键退出。在菜单中分别选择【完成】和【完成/返回】命令，返回【模具】菜单管理器，生成的工件如图 12-19 所示。

图12-19 生成的工件

任务三 创建分模面

 基础知识

　　分模面是一种曲面特征，其主要用途就是将工件分割成单独的元件，并确保在现有的技术水平下能够制造满足使用要求的各种元件，同时各元件在动力的驱动下能够正确运动，满足相关模具加工工艺的需要，该步骤是模具设计的重点和难点。

　　本例将介绍使用"拷面法"创建分模面的一般技巧。所谓"拷面法"就是复制模型表面作为分模面的主体，然后通过填补破孔等方法来完善分模面的设计。

【步骤解析】

1.　创建模芯分模面。

(1) 打开模型树窗口，在工件图标上单击鼠标右键，如图 12-20 所示，在弹出的快捷菜单中选择【遮蔽】命令，使工件不显示在操作界面上。

图12-20 遮蔽工件

(2) 单击 按钮，进入分模面创建模式。下面使用曲面与边界方式复制参考零件面，选取如图 12-21 所示的种子面，然后按住 $\boxed{\text{Shift}}$ 键选取如图 12-22 所示的边界曲面，结果如图 12-23 所示，这样就选取了两个边界包含的所有的产品曲面。最后在工具条上依次单击 和 按钮，完成曲面的复制。

图12-21 选取种子面

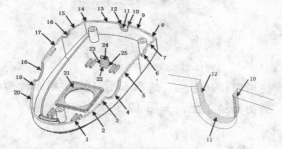

图12-22 选取边界曲面

在使用曲面与边界方式选取曲面时，先选取一个种子面，然后按住 $\boxed{\text{Shift}}$ 键选取边界面，之后松开 $\boxed{\text{Shift}}$ 键，这样就得到了需要选取的曲面。但是，有时候需要选取的边界面太多，如果一直按住 $\boxed{\text{Shift}}$ 键，就不能将模型旋转到希望的视角进行选取，这时可以松开 $\boxed{\text{Shift}}$ 键，将模型旋转到适当的视角后再按住 $\boxed{\text{Shift}}$ 键进行选取，直到选取完所有的边界曲面后再松开 $\boxed{\text{Shift}}$ 键，可以看到高亮显示的曲面就是已经选取的曲面了。

(3) 打开模型树窗口，在工件图标上单击鼠标右键，在弹出的快捷菜单中选择【取消遮蔽】命令，使工件显示在操作界面上。在绘图区域中选择工件，然后选择【视图】/【显示造型】/【线框】命令，将工件用线框显示，如图 12-24 所示。

图12-23 选取结果

图12-24 设置线框显示方式

(4) 先选取如图 12-25 所示的曲面边 1，然后按住 Shift 键将鼠标光标移动到曲面边 2 上，选取所需要的曲线边，如图 12-26 所示。

图12-25 选取曲面边

选取曲面边链
图12-26 设置线框显示方式

(5) 选择【编辑】/【延伸】命令，在图标板中单击 □ 按钮，将曲面延伸到参考平面，选取如图 12-27 所示的曲面作为参考平面，单击鼠标中键确认，曲面延伸结果如图 12-28 所示。

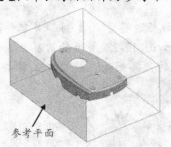
参考平面
图12-27 选取参考平面

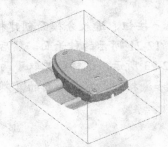
图12-28 曲面延伸结果

(6) 使用同样的方法，选取如图 12-29 所示的曲面边 2，然后按住 Shift 键将鼠标光标移动到曲面边 1 上，如图 12-30 所示。

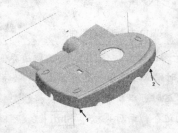
图12-29 选取曲面边

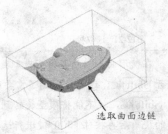
选取曲面边链
图12-30 选取边链

(7) 选择【编辑】/【延伸】命令，在图标板中单击 □ 按钮，将曲面延伸到参考平面，选取如图 12-31 所示的曲面作为参考平面，单击鼠标中键确认，曲面延伸结果如图 12-32 所示。

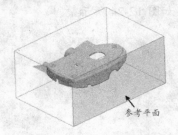
参考平面
图12-31 选取参考平面

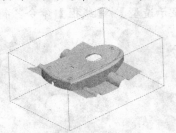
图12-32 曲面延伸结果

(8) 使用同样的方法，选取如图 12-33 所示的曲面边 2，然后按住 Shift 键将鼠标光标移动到曲面边 1 上，如图 12-34 所示。

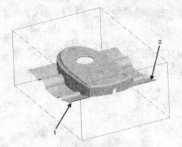

图12-33 选取曲面边

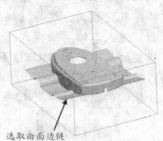

图12-34 选取边链

(9) 选择【编辑】/【延伸】命令，在图标板中单击 按钮，将曲面延伸到参考平面，选取如图 12-35 所示的曲面作为参考平面，单击鼠标中键确认，曲面延伸结果如图 12-36 所示。

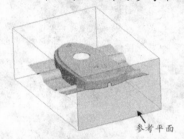

图12-35 选取参考平面

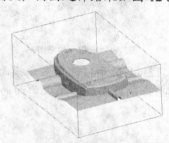

图12-36 延伸结果

(10) 使用同样的方法，选取如图 12-37 所示的曲面边 1，然后按住 Shift 键将鼠标光标移动曲面边 2 上，如图 12-38 所示。

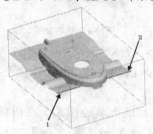

图12-37 选取边

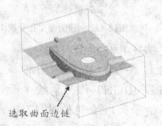

图12-38 选取边链

(11) 选择【编辑】/【延伸】命令，在图标板中单击 按钮，将曲面延伸到参考平面，选取如图 12-39 所示的曲面作为参考平面，单击鼠标中键确认，曲面延伸结果如图 12-40 所示。

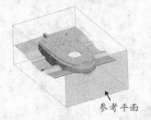

图12-39 选取参考平面

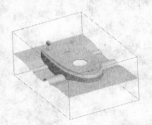

图12-40 曲面延伸结果

(12) 打开模型树窗口，在工件图标上单击鼠标右键，在弹出的快捷菜单中选择【遮蔽】命令，使工件不显示在操作界面上。

(13) 创建碰穿孔分模面。选择【编辑】/【填充】命令，选择如图 12-41 所示的曲面作为草绘平面，进入二维草绘模式。

(14) 选取模型的基准平面 MOLD_FRONT 和 MOLD_RIGHT 作为标注和约束参考，在草绘平面内绘制如图 12-42 所示的截面图形，完成后退出草绘模式。单击鼠标中键，完成碰穿孔分模面的创建，如图 12-43 所示。

图12-41 选取草绘平面

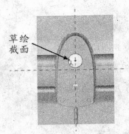

图12-42 草绘截面

(15) 如图 12-44 所示，选择主分模面 1 和碰穿孔分模面 2 后，在右工具箱上单击 ⬚ 按钮，然后单击鼠标中键，完成曲面的合并。

图12-43 创建的碰穿孔分模面

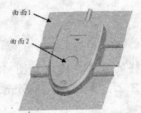

图12-44 选取合并曲面

2. 创建插穿孔分模面。

(1) 单击 ⬚ 按钮，在拉伸图标板上单击 ⬚ 按钮，选取如图 12-45 所示的模型基准平面 MOLD_RIGHT 作为草绘平面，进入二维草绘模式。

(2) 在草绘平面内绘制如图 12-46 所示的截面图形，完成后退出草绘模式。在图标板中单击 选项 按钮，在如图 12-47 所示的上滑参数面板的【第 1 侧】和【第 2 侧】下拉列表中选择【到选定的】选项，结果如图 12-48 所示，分别选择两侧面作为拉伸终止面，并在图标板中勾选【封闭端】复选框，如图 12-47 所示。单击鼠标中键退出，创建的曲面如图 12-49 所示。

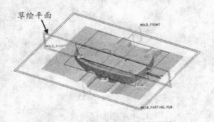

图12-45 选取草绘平面

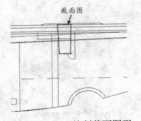

图12-46 绘制截面图形

图12-47 上滑参数面板

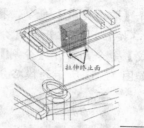

图12-48 设置拉伸终止面

(3) 如图 12-50 所示，选择主分模面 1 和插穿孔分模面 2，然后在右工具箱上单击 按钮，注意合并的方向向外，单击鼠标中键，完成曲面的合并，结果如图 12-51 所示。最后在右工具箱上单击 按钮，完成整个模芯分模面的创建。

图12-49 创建的曲面

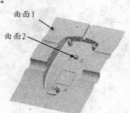

图12-50 选取合并曲面

图12-51 曲面合并结果

任务四 分割工件

基础知识

完成分模面的设计后，接下来的工作就是使用分模面分割工件，为抽取体积块做准备。分割后的工件由不同大小和形状的体积块构成，这些体积块按照一定顺序组装在一起后可以围成正确的模具型腔。同时，完成浇注工作后，可以将这些体积块依次打开，顺利取出零件。因此，工件的分割也是模具设计中的重要工作之一。

使用已经创建的分模面分割工件后，可以继续在分割后的工件上创建新的分模面，然后使用这些分模面机械分割工件，直到获得满意的分割结果。

【步骤解析】

1. 分割前后模。

(1) 如图 12-52 所示，在模型树中选择工件标识，在其上单击鼠标右键，在弹出的快捷菜单中选择【取消遮蔽】命令，将工件显示出来。

(2) 单击 按钮，在打开的【分割体积块】菜单中选择【两个体积块】、【所有工件】和【完成】命令，打开【分割】对话框。

(3) 选取如图 12-53 所示的模芯分模面后，单击鼠标中键两次。

图12-52 显示工件

图12-53 选取模芯分模面

(4) 在打开的【属性】对话框中输入后模名称 "COR"，单击 按钮，分割的后模如图 12-54 所示，单击 按钮。再次打开【属性】对话框，输入前模名称 "CAV"，然后单击 按钮对其进行渲染，得到的前模如图 12-55 所示，单击 按钮。

图12-54 分割的后模

图12-55 得到的前模

2. 创建滑块分模面。

(1) 在上工具箱上单击 按钮，打开【遮蔽–取消遮蔽】对话框，单击 分型面、 和 遮蔽 按钮，遮蔽掉所有的分模面。然后单击 体积块、 和 遮蔽 按钮，遮蔽掉所有的体积块。

(2) 在右工具箱上单击 按钮，进入分模面创建模式。在右工具箱上单击 按钮，在拉伸设计图标板上单击 按钮，选取如图 12-56 所示的面作为草绘平面，进入二维草绘模式。

(3) 选取模型的基准平面 MAIN_PARTING_PLN 和 MOLD_RIGHT 作为标注和约束参照，在草绘平面内绘制如图 12-57 所示的截面图形，完成后退出草绘模式。单击 选项 按钮，在弹出的上滑参数面板中勾选【封闭端】复选框，并在【第 1 侧】文本框中输入深度值 "30"，如图 12-58 所示，然后在图标板上单击 按钮，将拉伸方向反向，最后单击鼠标中键退出，创建的曲面如图 12-59 所示。

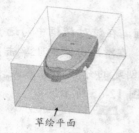

草绘平面

图12-56 选取草绘平面

草绘截面

图12-57 草绘截面图

图12-58 设置参数

图12-59 创建的曲面

(4) 继续单击 🗗 按钮，创建拉伸曲面。重复先前的步骤，打开【草绘】对话框，在打开的【草绘】对话框中单击 使用先前的 按钮，以选取与上一步相同的参照来创建分模面，然后单击鼠标中键，进入二维草绘模式。

(5) 选取模型的基准平面 MAIN_PARTING_PLN 和 MOLD_RIGHT 作为标注和约束参照，在草绘平面内绘制如图 12-60 所示的截面图形，完成后退出草绘模式。单击 选项 按钮，在弹出的上滑参数面板中勾选【封闭端】复选框，并在【第 1 侧】文本框中输入深度值 "15"，然后在图标板上单击 ✗ 按钮，将拉伸方向反向，最后单击鼠标中键退出，创建的曲面如图 12-61 所示。

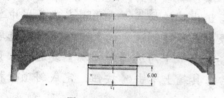

6.00

图12-60 绘制截面图

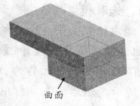

曲面

图12-61 创建的曲面

(6) 如图 12-62 所示，先选择曲面 1，然后按住 Ctrl 键选择曲面 2，在右工具箱上单击 🗗 按钮，然后在绘图区域中将箭头调整到图示方向，接着单击鼠标中键，完成曲面的合并，得到的滑块分模面如图 12-63 所示。最后在右工具箱上单击 ✓ 按钮，退出分模面创建模式，完成整个滑块分模面的创建，这一步的目的是为了加强滑块的强度。

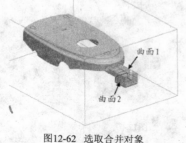

曲面1

曲面2

图12-62 选取合并对象

图12-63 得到的滑块分模面

Pro/ENGINEER 中文野火版 4.0 项目教程

3. 创建斜顶分模面。

(1) 在模型树中单击 按钮，弹出【模型树项目】对话框，在该对话框中勾选【特征】复选框，如图 12-64 所示，在模型树中将特征显示出来。在滑块分模面上单击鼠标右键，在弹出的快捷菜单中选择【遮蔽】选项，将上一步创建的分模面遮蔽起来，但要注意，需要在分模面的第一个特征上单击鼠标右键，如图 12-65 所示。

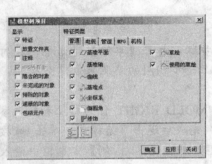

图12-64 【模型树项目】对话框

图12-65 鼠标右键操作

(2) 在右工具箱上单击 按钮，进入分模面创建模式。单击右工具箱上的 按钮，创建拉伸曲面，选取模型的基准平面 MOLD_FRONT 作为草绘平面，进入二维草绘模式。在草绘平面内绘制如图 12-66 的截面图形，完成后退出草绘模式。在上滑参数面板中单击选项按钮，在【第 1 侧】和【第 2 侧】下拉列表中选择【到选定的】选项，然后选取如图 12-67 所示的两侧面作为拉伸终止面，并在参数面板中勾选【封闭端】复选框，如图 12-68 所示，然后单击鼠标中键退出。最后在右工具箱上单击 按钮，完成斜顶分模面的创建，如图 12-69 所示。

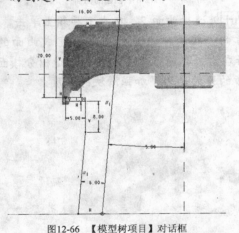

图12-66 【模型树项目】对话框

图12-67 鼠标右键操作

图12-68 参数设置

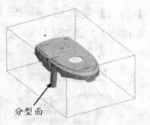

图12-69 建的斜顶分模面

(3) 经观察，由于左右两边的扣位成对称关系，所以可以将上一步创建的斜顶分模面镜像到另一边，得到另一斜顶分模面。

(4) 如图 12-70 所示，先选择分模面，然后选择【编辑】/【镜像】命令，此时系统提示选择进行镜像的平面，选择模型基准平面 MOLD_RIGHT，然后单击鼠标中键，得到另一斜顶分模面，如图 12-71 所示。

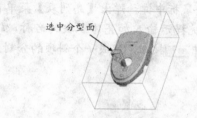

图12-70 选取镜像对象

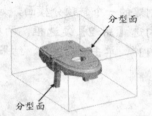

图12-71 复制结果

4. 分割滑块。

(1) 在右工具箱上单击 按钮，打开【遮蔽–取消遮蔽】对话框，单击 分型面 和 取消遮蔽 按钮，打开相应的选项栏，选择 "PART_SURF_2"，单击 去除遮蔽 按钮，将滑块分模面显示出来。单击 体积块 和 取消遮蔽 按钮，打开相应的选项栏，选择 "COR"，单击 去除遮蔽 按钮，将后模体积块显示出来。

(2) 单击 按钮，打开【分割体积块】菜单，选择【一个体积块】、【模具体积块】和【完成】选项，打开【搜索工具】对话框。选择 "COR"，单击 >> 按钮，选择 COR 作为被分割的模具体积块，如图 12-72 所示。

(3) 选取创建的滑块分模面，如图 12-73 所示。单击鼠标中键，弹出【岛列表】菜单管理器，

图12-72 【搜索工具】对话框

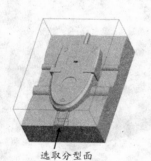

图12-73 选取滑块分模面

勾选【岛 2】复选框，如图 12-74 所示，两次单击鼠标中键后，系统提示输入加亮体积块的名称，输入 "SLD"，单击 着色 按钮，结果如图 12-75 所示，单击 确定 按钮，完成滑块的分割。

图12-74 【岛列表】菜单

图12-75 分割的滑块

5. 分割斜顶。

(1) 与上述步骤相同，单击 按钮，在打开的【分割体积块】菜单中选择【一个体积块】、【模具体积块】和【完成】命令，打开【搜索工具】对话框。选择 "COR"，单击 >> 按钮，选择 COR 作为被分割的模具体积块。

(2) 选择创建的一个斜顶分模面，如图 12-76 所示，单击鼠标中键，弹出【岛列表】菜单管理器，勾选【岛 2】复选框，两次单击鼠标中键，系统提示输入加亮体积块的名称，输入 "LIFT1"，单击 着色 按钮，结果如图 12-77 所示，单击 确定 按钮，完成一个斜顶的分割。

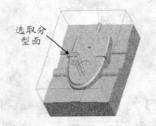

图12-76 选择斜顶分模面

图12-77 分割的一个斜顶

(3) 和上一步相同，继续单击 按钮，在打开的【分割体积块】菜单中选择【一个体积块】、【模具体积块】和【完成】命令，打开【搜索工具】对话框。选择 "COR"，单击 >> 按钮，选择 COR 作为被分割的模具体积块。

(4) 选择创建的另一个斜顶分模体积块作为分模面，如图 12-78 所示，单击鼠标中键，弹出【岛列表】菜单管理器，勾选【岛 2】复选框，两次单击鼠标中键，系统提示输入加亮体积块的名称，输入 "LIFT2"，单击 着色 按钮，结果如图 12-79 所示。单击 确定 按钮，完成另一个斜顶的分割。

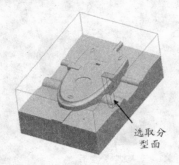

图12-78 选择分模面

图12-79 分割的另一个斜顶

任务五 抽取模具元件和开模

　　使用分模面分割工件后可以获得不同结构的体积块，然后通过抽取模元件使这些体积块成为独立的实体结构，就可以当做普通零件一样来使用，例如可在【零件】模式下将其调出，在【绘图】模块中创建工程图，还可以使用 Pro/NC 对其进行数控加工。

　　通过开模操作可以模拟模具的开模动作，依次移开各个模具零件，不但可以看到模腔的具体结构，还可以检测开模过程可能出现的干涉等问题。

【步骤解析】

1.　抽取模具元件。

(1)　在【模具】菜单管理器中选择【模具元件】/【抽取】选项，打开【创建模具元件】对话框，单击 ▤ 按钮，如图 12-80 所示，单击 确定 按钮，完成模具元件的抽取。在【模具元件】菜单中选择【完成/返回】命令，返回【模具】菜单管理器。

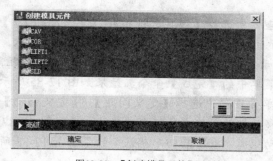

图12-80 【创建模具元件】对话框

　　　读者在操作过程中有可能出现抽模不成功的现象，如 COR，其可能原因是精度设置不合理，解决方法如下。

- 选择【工具】/【选项】命令，弹出【选项】对话框，如图 12-81 所示设置对话框中的参数，单击 添加/更改 按钮，然后单击 应用 和 关闭 按钮，关闭对话框。

- 选择【编辑】/【设置】命令，然后在【零件设置】菜单管理器中选择【精度】选项，在下面板中单击 ✕ 按钮，然后在菜单管理器中选择【绝对】/【选取模型】选项，如图 12-82 所示，系统弹出【打开】对话框，用鼠标左键双击参考零件 "Mouse"，两次单击 ▤ 按钮，等待系统再生模型后完成精度的设置，此时分模组件的绝对精度将和参考零件保持一致。

- 重新进行模具元件的抽取。

(2)　在右工具箱上单击 ✕ 按钮，打开【遮蔽–取消遮蔽】对话框，单击 分型面 按钮，打开相应的选项栏，依次单击 ▤ 和 遮蔽 按钮，遮蔽掉所有分模面。单击 元件 按钮，打开相应的选项栏，依次选择 "WORKPIECE" 和 "MOUSE_MOLD_REF"（按住 Ctrl 键），然后单击 遮蔽 和 关闭 按钮，遮蔽掉工件和参考零件。

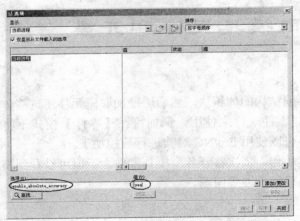

图12-81 【选项】对话框　　　　　　　　　　　图12-82 【模具】菜单

2. 产生浇铸件。

在【模具】菜单管理器中选择【铸模】/【创建】选项，输入浇铸件的文件名
"MOUSE_MOLDING"。

3. 定义开模动作。

(1) 在【模具】菜单管理器中选择【模具进料孔】/【定义间距】/【定义移动】选项，然后
选取如图 12-83 所示的前模作为移动部件，单击鼠标中键确认。

(2) 选取如图 12-84 所示的平面作为移动的方向参照，输入移动距离"160"后回车确认。
选择【定义移动】菜单中的【完成】命令，结果如图 12-85 所示，前模已被上移。

(3) 继续在【模具】菜单管理器中选择【定义间距】/【定义移动】命令，选取如图 12-86
所示的浇铸件作为移动部件，单击鼠标中键确认。选取图 12-87 所示的平面作为移动的
方向参照，输入移动距离"80"后回车确认，结果如图 12-88 所示，浇铸件已被上移。

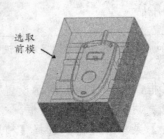

图12-83 选取移动部件　　　　　　　　　　　图12-84 选取移动方向参照

图12-85 前模移动结果　　　　　　　　　　　图12-86 选取移动部件

方向参照

图12-87 选取移动方向参照

图12-88 浇铸件移动结果

(4) 继续在【模具】菜单管理器中选择【定义间距】/【定义移动】选项，选取如图 12-89 所示的滑块作为移动部件，单击鼠标中键确认。选取如图 12-90 所示的平面作为移动的方向参照，输入移动距离"60"后回车确认，结果如图 12-91 所示，滑块已被移动。

选取滑块

图12-89 选取移动部件

方向参照

图12-90 选取移动方向参照

图12-91 滑块移动结果

(5) 继续在【模具】菜单管理器中选择【定义间距】/【定义移动】选项，选取如图 12-92 所示的斜顶作为移动部件，单击鼠标中键确认。选取如图 12-93 所示的斜顶边作为移动的方向参照，输入移动距离"80"后回车确认，结果如图 12-94 所示，斜顶已被移动。

选取斜顶

图12-92 选取移动对象

方向参照

图12-93 选取方向参照

图12-94 斜顶移动结果

(6) 使用上述方法，继续在【模具】菜单管理器中选择【定义间距】/【定义移动】选项，选取如图 12-95 所示的另一斜顶作为移动部件，单击鼠标中键确认。选取如图 12-96 所示的斜顶边作为移动的方向参照，由于箭头方向朝下，输入移动距离"-80"后回车确认，斜顶已被移动，这就是最终的开模效果图。

选取斜顶

图12-95　选取移动部件

方向参照

图12-96　选取移动方向参照

4.　存档并清空进程。

(1)　在上工具箱中单击 ▣ 按钮，打开【保存】对话框，系统默认的保存路径是先前设置的工作目录，回车确认，接受默认的设置，完成文件的保存。

(2)　选择【文件】/【拭除】/【不显示】命令，在打开的【拭除未显示】对话框中单击 确定 按钮，将所有相关的零件从内存中删除。

实训——齿轮模具设计

使用教学资源文件"项目 12\素材\gear.prt"作为参照模型进行模具设计。

这是一个简单的模具设计，首先导入参考模型，进行模型的装配，接着创建工作和设计分模面，然后进行拆模（前模和后模），最后进行分模，设计大体流程如图 12-97 所示。

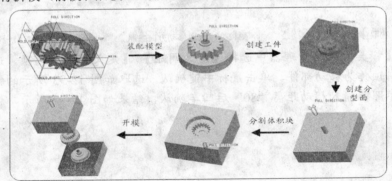

图12-97　齿轮分模的流程图

项目小结

随着我国制造工业的快速发展，一些新兴产业也取得了长足的进步。模具是工业生产的基础工艺装备，在机械、电子、汽车、航空及通信等领域内有着广泛的应用。随着人民生活质量的提高，日常生活中使用的物品越来越多地用到模具成型。目前，模具生产水平的高低已经成为衡量一个国家制造水平高低的重要标志。

当前，计算机技术和网络技术取得了突破性的发展，CAD/CAM 技术、数控加工技术及快速成型技术为模具技术的发展提供了强大的技术支持。同时，以高分子塑料为主的模具材料不断被开发出来，这些材料种类繁多、性能优良、价格低廉，为模具产业的发展提供了更有力的帮助。

　　模具设计是一个细致耐心的工作，请读者结合本项目的实例掌握典型产品模具设计的一般流程和基本技巧，为今后深入学习这门技术奠定基础。

思考与练习

　　打开教学资源文件"项目 12\素材\box.prt"，如图 12-98 所示，使用学过的知识完成其模具设计。

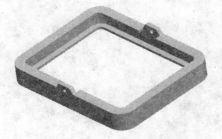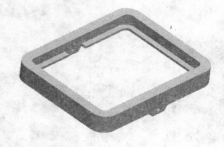

图12-98　参照模型